宝宝要健康
妈妈要美丽

——孕期各阶段健康食谱

总策划　杨建峰

主　编　周会菊

U0239155

江西科学技术出版社

图书在版编目（CIP）数据

宝宝要健康，妈妈要美丽：孕期各阶段健康食谱/周会菊主编.—南昌：
江西科学技术出版社，2014.1

ISBN 978-7-5390-4894-9

Ⅰ.①宝…　Ⅱ.①周…　Ⅲ.①孕妇—妇幼保健—食谱
②产妇—妇幼保健—食谱　Ⅳ.①TS972.164

中国版本图书馆CIP数据核字（2013）第283087号

国际互联网（Internet）地址：

http：//www.jxkjcbs.com

选题序号：ZK2013157

图书代码：D13033-101

宝宝要健康，妈妈要美丽：孕期各阶段健康食谱　　　　　　　　　　　周会菊主编

出　　版　江西科学技术出版社

社　　址　南昌市蓼洲街2号附1号

　　　　　邮编：330009　　电话：（0791）86623491　86639342（传真）

印　　刷　北京新华印刷有限公司

总 策 划　杨建峰

项目统筹　陈小华

责任印务　高峰　苏画眉

设　　计　松雪图文 SONGXUE TUWEN　王进

经　　销　各地新华书店

开　　本　787mm×1092mm　1/16

字　　数　260千字

印　　张　16

版　　次　2014年1月第1版　　2014年1月第1次印刷

书　　号　ISBN 978-7-5390-4894-9

定　　价　28.80元（平装）

赣版权登字号-03-2013-189

目 录
CONTENTS

Part 3 | 备孕夫妻的优孕食谱

备孕妈妈需要重点补充的营养素

备孕爸爸需要重点补充的营养素

Part 4 | 宝宝健康、妈妈美丽的10月优孕食谱

Part 5 | 孕期常见不适症状调理食谱

Part 1

备孕夫妻及孕妇
—— 应禁吃的食物 ——

● 人体在生命过程中的不同阶段对营养的需求是不同的，针对不同生理期，在饮食上应该发生相应的变化，这种变化是为了有效地提高健康水平而必须作出的选择。女人进入怀孕阶段以后，一切饮食原则应该以自身和宝宝的健康为主。要真正做到宝宝健康、妈妈美丽，就要了解备孕直至孕期的各个阶段不能吃哪些食物，做到宁可少吃不可错吃。

辛辣刺激类

辣椒

禁吃原因：辣椒中含有的辣椒素易消耗肠道水分，使胃腺体分泌减少，造成胃痛、便秘。如果备孕女性和孕妈妈有消化不良、便秘的症状，食用辣椒不仅会加重症状，还会影响对胎儿的营养供给，甚至增加分娩的困难。产妇也要少吃辣椒，因为生了宝宝本来就容易得痔疮，不宜再受辛辣食物刺激。

花椒

禁吃原因：花椒是日常生活中常用的一种调味料，而且具有温阳祛寒、杀菌防病、增强免疫力的功效，所以不少女性都喜欢在炒菜的时候多放一点花椒。但中医认为花椒性温，有温中散寒、除湿、止痛、杀虫的作用。备孕女性和孕妈妈如果过多食用容易导致上火，因此备孕期的女性和孕妈妈应当尽量少吃或者不吃。

胡椒

禁吃原因：胡椒是热性的食物，如果孕前以及孕期进食过量的胡椒，一方面可能会加重女性的消化不良、大便燥结、便秘或痔疮的症状，另一方面也会对胎儿产生不利的影响。

因此，计划怀孕的备孕女性，为了能够生一个健康的宝宝，在开始计划怀孕时就应该注意少吃像胡椒这样辛辣的食物。

芥末

禁吃原因：芥末微苦，辛辣芳香，对口舌有强烈的刺激，味道十分独特。芥末粉湿润后有香气喷出，具有催泪性的清冽刺激性辣味，对味觉、嗅觉均有刺激作用，让人不自觉地进食更多的食物，从而容易引发孕妈妈肥胖。

同时，芥末具有强烈刺激性辣味，备孕期女性和孕妈妈食用后可使血压升高，也会导致便秘。所以，备孕女性及孕妈妈须谨慎食用芥末。

补品类

人参

禁吃原因：在怀孕后期，孕妈妈胃肠功能会减弱，加上子宫压迫，会出现便秘等症状。孕妈妈阴血偏虚，阳气相对偏盛，属于阳有余而阴不足，气有余而血不足。人参是大补元气的药材，孕早期体弱的孕妈妈可少量进补，但人参也有"抗凝"作用，备孕期和孕晚期摄入过多会引起内分泌紊乱和功能失调，引发高血压和出血症状。所以，备孕女性和孕妈妈要慎食。

鹿茸

禁吃原因：鹿茸对于阴气不足、气有余而血不足的孕妈妈无益，会导致气盛阴耗。尤其是孕妈妈的血液循环系统血流量明显增加，子宫颈、阴道壁和输卵管等部位的血管也处于扩张、充血状态，若食用热性鹿茸，则会加重活血情况，甚至造成流产，影响胎儿健康。孕妈妈由于胃酸分泌量减少，胃肠道功能减弱，若食用鹿茸，还会出现食欲不振、胃气胀气、便秘等现象。

桂皮

禁吃原因：桂皮又称肉桂，有破血动胎之弊。《药性论》曾说它"通利月闭，治胞衣不下"。《本草纲目》还说："桂性辛散，能通子宫而破血，故《别录》言其堕胎。"

桂皮性大热，容易消耗肠道水分，使肠胃分泌减少，造成肠道干燥、便秘。发生便秘后，备孕女性和孕妈妈用力屏气排便易发生痔疮。

蜂王浆

禁吃原因：蜂王浆是略带甜味并酸涩的黏稠状液体。蜂王浆富含70多种营养成分，具有滋补强壮、补益气血、保肝抗癌等功效。但是，备孕女性和孕妈妈不宜过量饮用蜂王浆，因为蜂王浆含有激素，分别是雌二醇、睾酮和孕酮。这些激素会刺激子宫，引起子宫收缩，影响受孕或是干扰胎儿正常发育。所以，备孕及孕期女性不宜食用蜂王浆。

🌸 蔬果杂粮类

茄子

禁吃原因：茄子性凉，味甘，属于寒凉性质的食物。《本草求真》中说："茄味甘气寒，质滑而利，孕妇食之，尤见其害。"身体虚弱、脾胃虚寒的备孕女性和孕妈妈最好不要吃茄子。

秋后的老茄子含有茄碱，对人体有害，如《饮食须知》所言："秋后食茄损目。女人能伤子宫无孕。"意思是过多食用会导致不孕。因此，备孕女性和孕妈妈以忌食茄子为好。

马齿苋

禁吃原因：马齿苋既是药物，又可做菜食用。因其性寒，所以备孕期、怀孕早期，尤其是已有习惯性流产史的孕妈妈应禁食。正如《本草正义》中说马齿苋"兼能入血瘀"。

近代临床实践认为，马齿苋汁对子宫有明显的兴奋作用，能使子宫收缩次数增多，强度增大，容易造成流产。所以，孕妈妈不宜吃马齿苋，备孕期和孕前也应该尽量少吃或不吃。

木耳菜

禁吃原因：木耳菜因为叶子近似圆形，肥厚而黏滑，好像食用木耳的感觉，所以俗称木耳菜。木耳菜的嫩叶烹调后清香鲜美、口感嫩滑，深受大家的喜爱。

虽然木耳菜营养素含量极其丰富，但木耳菜性寒，味甘、酸，有滑利凉血的功效，所以处于怀孕早期以及有习惯性流产（即中医所说的滑胎）史的孕妈妈千万不要食用。

榴莲

禁吃原因：榴莲所含的热量和糖分在水果中都属于比较多的一类。榴莲性温，吃多了会导致孕妈妈上火，出现喉咙痛、烦躁、失眠等症状，故备孕期女性和孕期妈妈不适宜食用。备孕期女性如果经常或者频繁地食用榴莲，还会导致血糖升高。孕妈妈经常食用则有可能使胎儿体重过重。此外，过多食用榴莲还会阻塞肠道，引起备孕期女性和孕妈妈便秘。

山楂

禁吃原因：山楂开胃消食、酸甜可口，由于孕妈妈怀孕后常有恶心、呕吐、食欲不振等早孕反应，所以喜欢吃些山楂或山楂制品，以增进食欲。

其实，山楂虽然可以开胃，但对孕妈妈很不利。因为山楂有活血通瘀的功效，对子宫有兴奋作用，所以，孕妈妈食用过多可促使子宫收缩，进而增加流产的概率。尤其是有过自然流产史或怀孕后有先兆流产症状的孕妈妈，更不应该吃山楂。

荔枝

禁吃原因：荔枝含有丰富的营养成分，是有益人体健康的水果。但从中医的角度来说，荔枝是热性水果，备孕期或者孕期过量食用容易产生便秘、口舌生疮等上火症状。

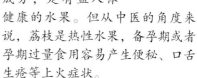

荔枝含糖量较高，备孕期女性和孕妈妈大量食用会引起高血糖以及糖代谢紊乱。对孕妈妈来说，过多食用荔枝还会导致胎儿巨大，并发难产、滞产、死产、产后出血及感染等。因此，备孕女性和孕妈妈应慎食荔枝。

桂圆

禁吃原因：桂圆虽然营养丰富，但医学认为，桂圆性温大热，极易助火，阴虚内热体质以及患热性病的备孕女性和孕妈妈均不宜食用。

孕妈妈阴血偏虚，阴虚则滋生内热，因此往往有大便干燥、口干而胎热、肝经郁热的症状。所以，孕妈妈食用桂圆不仅不能保胎，反而易出现漏红、腹痛等一系列先兆流产的症状。

薏米

禁吃原因：薏米性微寒，味甘淡，有利水消肿、健脾祛湿、舒筋除痹、清热排脓的功效，为常用的利水渗湿药。中医认为，薏米具有利水滑胎的作用，孕期女性吃太多的薏米会造成羊水流出，对胎儿不利。备孕期女性也不宜食用性寒食物，以免引起不适。因此，备孕期女性和孕妈妈都应禁食薏米。

肉禽水产类

猪腰

禁吃原因：现在很多人认为吃猪腰子补肾，但请当心摄入重金属镉损精不育。

猪、牛、羊的肾脏里均含有不同程度的重金属镉，男人食用的时候多多少少会将镉吸入身体，这样不仅会造成精子的数目减少，而且会影响受精卵着床，很可能造成不育。如果男性本身是吸烟人群，则不育概率可达六成。所以，在备孕期尽量不要食用猪腰。

烤牛羊肉

禁吃原因：经过调查和现代医学研究得知，爱吃烤牛羊肉的妇女生下的孩子易患有弱智、瘫痪或畸形等疾病。这些都是因为受弓形虫感染所致。

当备孕期女性吃了感染弓形体病的畜禽未熟的肉时，常可被感染。被感染时可能没有自觉症状，但当其怀孕时，感染的弓形虫可通过子宫感染胎儿，引发胎儿畸形。弓形虫感染是发生胎儿畸形的主要因素。

皮蛋

禁吃原因：皮蛋含铅较高，备孕期女性和孕妈妈最好不要吃，因为孕妈妈血铅水平高可直接影响胎儿的正常发育，甚至造成先天性弱智或畸形，也有可能导致孕妈妈慢性铅中毒。备孕期女性吃太多皮蛋，也会对怀孕后宝宝造成不良影响。

孕妇慢性铅中毒可以没有临床表现，却能导致流产和胎儿脑发育迟缓等危害。

螃蟹

禁吃原因：螃蟹肉具有清热散结、通脉滋阴、补肝肾、生精髓、壮筋骨之功效。但是螃蟹性寒凉，有活血祛瘀之功，备孕期女性和孕妈妈不宜多吃，尤其是早期孕妈妈，否则会造成出血、流产。螃蟹是高蛋白食物，很容易变质腐败，若误吃了死蟹，会发生头晕、腹痛、呕吐甚至造成流产。所以，备孕期女性和孕妈妈应禁食螃蟹。

生蚝

禁吃原因：生蚝性微寒，脾胃虚寒、腹泻便溏的备孕期女性和孕妈妈不能多吃，以免引起消化不良和出血。

不能吃生蚝还有另一个原因：生蚝是没有经过加热烹饪的，生吃以后，生蚝里面原本就存在的寄生虫和病菌会给备孕女性和孕妈妈造成比较严重的伤害。对海鲜过敏的备孕女性和孕妈妈更应该忌吃生蚝，避免吃后引起一系列不适症状。

田螺

禁吃原因：田螺性属大寒，能清热，但是素来脾胃虚寒的备孕女性和孕妈妈因为处于备孕期和孕期，所以不能多吃寒性食品，以免引起消化不良。

此外，田螺一般长在水塘里，如果水质不好，容易受到污染，特别是吃的时候如果螺内的大便没有排干净，就会有很多寄生虫，容易导致备孕女性和孕妈妈腹痛、腹泻。因此，备孕期女性和孕妈妈应禁食田螺。

甲鱼

禁吃原因：甲鱼含有丰富的蛋白质，临床上常用甲鱼对肿瘤病人进行食物治疗，抑制肿瘤的生长。但对孕妈妈来说，甲鱼却是必须禁食的，因为它会对正在子宫内生长的胎儿造成破坏，抑制其生长，易造成流产或对胎儿生长不利。此外，甲鱼是咸寒食物，患慢性肾炎、肝硬化、肝炎的备孕期女性和孕妈妈吃甲鱼，有可能诱发昏迷。所以，备孕女性和孕妈妈应该禁食甲鱼。

咸鱼

禁吃原因：咸鱼含有大量二甲基亚硝酸盐，二甲基硝胺可以通过胎盘进入胎儿体内，对胎儿造成伤害。

咸鱼在制作过程中会不同程度地丢失其所含的营养素，同时其中还含有大量食盐，如备孕期女性和孕妈妈长期大量食用，除容易造成营养素缺乏外，由于摄入的盐相对较多，还会起体内钠潴留，导致水肿，诱发高血压综合征。

🌸 饮品类

咖啡

禁吃原因：咖啡对受孕有直接影响，每天喝5杯以上咖啡的女性，不孕的可能性是不喝此种饮料者的一倍。

咖啡中的咖啡因能改变女性体内雌、孕激素的比例，抑制受精卵在子宫内的着床和发育。计划怀孕的女性如果长期饮用咖啡，可使心律加快、血压升高，易患心脏病，而且还会降低受孕概率。

浓茶

禁吃原因：准备生育的女性不宜喝太浓、太多的茶。浓茶中含咖啡因与浓茶因，备孕女性过多摄入可致雌激素分泌减少，而体内雌激素水平下降有可能对卵巢的排卵功能产生不利影响，使怀孕机会降低。

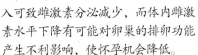

平均每天喝浓茶超过3杯的备孕女性，其怀孕机会比从不喝浓茶的女性降低27%；每天喝2杯浓茶的备孕女性的怀孕机会比不喝的备孕女性低10%左右。

奶茶

禁吃原因：奶茶一般是由红茶和牛奶混合制成的，但是红茶中含有咖啡因成分，而咖啡因具有兴奋作用，如果备孕女性和孕妈妈饮用过量，就会影响正常的生活作息。而且奶茶中可能含有果粉、甜蜜素以及香精等成分，这些都会对备孕女性和孕妈妈以及日后宝宝造成不好的影响。

酥油茶

禁吃原因：酥油茶是藏族民众必不可少的日常饮料，主要由浓茶和酥油做成。备孕期女性多喝酥油茶会导致失眠。孕妈妈本身就不适宜喝浓茶，因为茶叶中含有的咖啡碱不利于胎儿的健康发育，而且茶叶中的咖啡因成分还具有兴奋作用，饮用过量会刺激胎儿，影响宝宝正常的成长，所以备孕女性和孕妇不宜喝此茶。

可乐

　　禁吃原因：可乐型的饮料一般会直接伤害精子，影响男性生育能力。如果受损伤的精子和卵子结合，很有可能导致胎儿畸形或者先天不足。

　　多数可乐型饮料都含有咖啡因，很容易通过胎盘的吸收进入胎儿体内，危及胎儿的大脑、心脏等重要器官，使胎儿畸形或患先天性痴呆症。此外，可乐型饮料的含糖量也较高，多饮容易引起体重增加。所以，备孕期男女和孕妈妈都不宜喝可乐。

冷饮

　　禁吃原因：进食冷饮对孕妈妈的肠胃不利。孕妈妈的肠胃对冷热的刺激感觉很明显，多喝冷饮容易使孕妈妈的肠胃道血管突然收缩，使胃液分泌减少，自然而然地消化功能也会随之而降低，从而引起孕妈妈食欲不振、腹泻腹痛等一系列的症状。此外，备孕期女性多喝冷饮还会对肠胃造成伤害。

汽水

　　禁吃原因：汽水中含有磷酸盐，进入肠道后能与食物中的铁发生化学反应，形成难以被人体吸收的物质而排出体外，所以大量饮用汽水会大大降低血液中的含铁量。怀孕期间，孕妈妈本身和胎儿对铁的需要量较大，如果孕妈妈过多饮用汽水，势必导致缺铁，从而影响孕妈妈的健康及胎儿的发育。

　　此外，充气性汽水含有大量的钠，备孕期女性和孕妈妈饮用这类汽水会导致或加重水肿。由此可见，备孕期女性和孕妈妈不宜饮用汽水。

酒

　　禁吃原因：酒精及其毒性分解物质极易引起嗜酒者染色体畸变，从而使孩子畸形，所以备孕夫妻一定要戒酒。这里的"酒"意义比较宽泛，并非只指各种酒类，还包括含有酒精的各种饮料，如米酒、甜酒等。

其他类

炸面包圈

禁吃原因：炸面包圈属于不易消化的油炸食物，而孕妈妈本身就不宜食用油炸食物，因为经过高温的油脂所含的多种营养素已经遭到氧化破坏，营养价值降低。

其次，孕期的妈妈会有情绪方面的变化，容易睡眠不佳或胃肠道功能下降。如果进食这类难以消化的食物，会加剧孕妈妈胃部的不适症状。备孕期的女性也不宜过量食用。

油条

禁吃原因：油条在制作的时候需加入一定量的明矾。而明矾是一种含铝的无机物，被摄入的铝虽然能经过肾脏排出一部分，但由于天天摄入，因此很难排净。这些明矾中含的铝还可通过胎盘侵入胎儿的大脑，会使其形成大脑障碍，增加痴呆儿发生的概率，对孕妈妈和胎儿的危害极大。

此外，油条是不易消化的食品，不符合备孕期女性和孕妇的饮食要求。

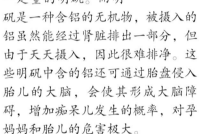

薯条、薯片

禁吃原因：有的女性喜欢吃市场上出售的薯片、薯条，这种食物含有较高的油脂和盐分，多吃会诱发高血压综合征，增加妊娠风险。

薯条、薯片还含有丙烯酰胺。胎儿和新生儿特别容易受到丙烯酰胺的危害，因为它可致癌，而且很容易进入婴儿幼嫩的大脑，对神经造成损害。所以，备孕女性和孕妈妈以及产后新妈妈都应当少食。

煎薄饼

禁吃原因：煎薄饼在制作的过程中一般需要油比较多，备孕女性和孕妈妈在怀孕期间不宜吃太过油腻的食物，以免影响消化。此外，煎薄饼是含有脂肪和碳水化合物较多的食物，备孕女性和孕妈妈应该注意控制脂肪和热量等的摄入量，以免影响日后正常的分娩。

饼干

禁吃原因：备孕女性和孕妈妈适量地吃饼干是可以的，但是不宜过量，因为饼干是不容易消化的食物。如果吃得过量，就会影响备孕期女性和孕妈妈正常营养餐的摄入量。此外，备孕女性和孕妈妈本身就需要清淡的饮食，还需要足够的热量和丰富的营养，这些都是饼干所不能满足的。因此，备孕女性和孕妈妈不宜过量食用饼干，以免导致孕期的营养不良。

西式快餐

禁吃原因：很多西式快餐中含有较多的脂肪、糖类，而维生素、纤维素等相对较少，非常不利于备孕女性和孕妈妈的身体健康。另外，吃了快餐食品会暂时降低饥饿感，影响进食其他合理食品的食欲，从而影响备孕女性和孕妈妈对营养素的合理摄入。如果备孕女性和孕妈妈对西式快餐产生依赖，还容易导致体内脂肪酸不足。

奶油蛋糕

禁吃原因：奶油蛋糕中含有奶油比较多。奶油其实就是脂肪块，备孕女性和孕妈妈如果摄入过多，会使脂肪滞留在血管壁上，从而影响和阻碍血液的流动。对孕妈妈来说，脂肪的妨碍会使妈妈输送给胎儿营养的管道不畅通，很可能导致胎儿大脑缺乏营养物质，从而无法正常发育或者发育迟钝。因此，备孕女性和孕妈妈不宜过多食用奶油蛋糕。

氢化植物油

禁吃原因：氢化植物油属于一种人工合成的油脂，含有较多对人体有危害的物质，包括奶精、人造奶油等。其中，未经完全氢化的氢化植物油为反式脂肪酸，它对备孕女性、孕妈妈以及宝宝的危害是比较严重的，很有可能影响胎儿的智力发展，使其产生智力障碍。因此，备孕女性和孕妈妈不宜进食氢化植物油。

腌渍食物

禁吃原因：腌渍食物是我国部分地区人们喜欢的一种食物，但是计划怀孕的女性和孕妈妈不宜食用。因为腌渍食物不仅含有微量的亚硝胺，还添加有防腐剂等大量对人体健康不利的化学物质，不仅有致癌作用，还会诱发胎儿畸形。

在腌渍的过程中，食物本身含有的维生素C被大量破坏。长期贪食腌渍食物，有可能引起泌尿系统结石。因此，备孕女性和孕妈妈不宜食用腌渍食物。

致敏性食物

禁吃原因：怀孕以后，胎盘屏障保护功能降低，这就会使过敏原更容易通过，而此时胎儿免疫系统刚开始发育，因此，孕期保护胎儿避免过敏原，有可能推迟婴儿出现过敏症状。

另外，有过敏体质的备孕女性和孕妈妈会对某些食物产生过敏症状，若备孕女性和孕妈妈容易对虾、贝壳类食物过敏，就要尝试性接受，一次食用不要过量。要待确定无过敏症状再食用，以防过敏。

罐头食品

禁吃原因：罐头食品根据其所装的原料不同分为：肉品、鱼品、乳品、蔬菜和水果罐头。罐头食品在生产过程中，为了达到色佳味美和长时间保存的目的，食品中都加入了防腐剂，有的还添加了人工合成色素、香精、甜味剂等。这些物质对备孕女性、孕妈妈和胎儿的危害都是很大的。

如果过量食用罐头食品，不仅会影响胎儿智力发育，还可能产下畸胎。所以，备孕女性和孕妈妈应慎食罐头食品。

高糖食品

禁吃原因：实验研究表明，对糖分的摄入如果过量，不仅会削弱人体的免疫力，还会增大患糖尿病的概率。

如果备孕期或孕期女性摄入过多高糖食品，则会增大生出巨儿的概率，也有可能使胎儿先天畸形等。由于孕期妈妈的肾排糖功能会发生不同程度的降低，导致胰岛素的相对不足，所以备孕女性和孕妈妈尽量不要吃含糖分高的食品，以免血糖过高引起其他相关疾病。

Part 2

从备孕到分娩，孕妈妈
—— 宜常吃的56种营养食材 ——

● 怀孕是女人一生当中的一件大事，不仅在日常生活中要多加注意，尤其在饮食上更要重视。孕妇吃的食物种类全面均衡，不挑食，将对胎儿的健康发育有积极意义。所以，孕妇食谱不仅讲究营养丰富，还要求美味可口。在孕早期，准妈妈容易出现食欲不振的现象，整个孕期中准妈妈的免疫力也会降低，所以孕妇在日常生活中要注意合理饮食。本章即为大家介绍孕妈妈适宜吃的多种食材，以备其选择食用。

蔬菜 ▶

花菜

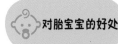 **对胎宝宝的好处**　花菜中富含的烟酸和维生素C不仅可以促进胎宝宝的生长发育，还可以防止胎宝宝神经管畸形，并且能让胎宝宝更聪明。

 **对孕妈妈的好处**　花菜含有抗氧化、防癌症的微量元素，长期食用可以减少乳腺癌的发病率。

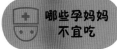 **哪些孕妈妈不宜吃**　患有尿路结石的孕妇忌食。

 相宜搭配

　◇花菜+蚝油 ▶健脾开胃
　◇花菜+香菇 ▶降低血脂　◇花菜+西红柿 ▶降压降脂

 禁忌搭配

　⊗花菜+猪肝 ▶降低人体对两物中营养元素的吸收
　⊗花菜+牛奶 ▶影响钙的吸收
　⊗花菜+豆浆 ▶降低营养价值

好孕吃法 花菜炒西红柿

● **材料** 花菜250克，西红柿200克
● **调料** 香菜10克，盐、鸡精各适量

做法

①花菜去除根部，掰成小朵，用清水洗净，焯水，捞出沥干水待用；香菜洗净切小段。②西红柿洗净，切小丁。③锅中加油烧至六成热，将花菜和西红柿丁放入锅中，再调入盐、鸡精翻炒至熟，盛盘，撒上香菜段。

肉丝烧花菜

● **材料** 瘦猪肉150克，花菜250克
● **调料** 葱丝、酱油、姜丝、盐各适量

做法

①猪肉洗净，切丝。②花菜洗净，切成小块，放入沸水中焯一下。③炒锅上火入油，置火上烧热，先下葱姜丝炝锅，烹入酱油，再加入猪肉丝滑散，炒至变色时，放入花菜略炒，最后放入盐，待花菜烧熟装盘。

素熘花菜

● **材料** 花菜300克，青蒜适量
● **调料** 酱油、白糖、盐、醋、味精、香油、水淀粉各适量

做法

①花菜洗净，切小块；青蒜洗净，切段。②锅中盛水烧沸，将切成块的花菜放入沸水中烫约2分钟。③锅中放油烧热，放入青蒜、花菜略炒，加少量水烧沸，调入调味料，用水淀粉勾芡，淋入香油。

萝卜炒花菜

● **材料** 花菜350克，胡萝卜、白萝卜、莴笋各40克
● **调料** 盐2克，味精1克

做法

①胡萝卜、白萝卜、莴笋去皮，洗净，切成块；花菜洗净，改刀(以上材料全部焯水处理)。②锅加油烧热，倒入胡萝卜块、白萝卜块、莴笋块、花菜，加入盐、味精一起翻炒至断生即可。

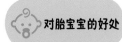 **对胎宝宝的好处**

①丝瓜中维生素B₁含量很高，还富含磷脂，可促进宝宝大脑发育，维持智力正常发育。
②丝瓜中丰富的矿物质元素和维生素C可以促进胎宝宝正常发育。

 **对孕妈妈的好处**

①可增强自身免疫力，维持子宫、胎盘、乳腺的健康。
②丝瓜富含维生素C，能使皮肤洁白细嫩，消除斑块。

 哪些孕妈妈不宜吃

体虚内寒、腹泻的孕妇忌食。

 相宜搭配

✅ 丝瓜+虾米 ▶润肺、补肾、美肤
✅ 丝瓜+毛豆 ▶清热祛痰，防止便秘、口臭
✅ 丝瓜+香菇 ▶清热解毒　　✅ 丝瓜+菊花 ▶祛火解毒

 禁忌搭配

✖ 丝瓜+白萝卜 ▶伤元气
✖ 丝瓜+菠菜 ▶引起腹泻
✖ 丝瓜+芦荟 ▶引起腹痛、腹泻

丝瓜胡萝卜粥

● **材料** 鲜丝瓜30克，胡萝卜少许，白米100克
● **调料** 白糖7克

做法

①丝瓜去皮洗净后切片；胡萝卜洗净切丁；白米泡发洗净。②锅置火上，注入清水，放入白米，用大火煮至米粒开花。③放入丝瓜、胡萝卜，用小火煮至粥成，放入白糖调味即可。

好孕吃法 丝瓜猪肝汤

● **材料** 丝瓜300克，猪肝100克，生姜3片
● **调料** 料酒、淀粉、盐各适量

做法

① 将丝瓜削皮，洗净，切块。② 将猪肝切片，用清水浸泡5分钟，洗净，沥干水分，加适量料酒、淀粉拌匀，腌5分钟。③ 起油锅，下姜片、丝瓜略爆，加适量清水，煮开后放入猪肝煮至熟，加盐调味即可。

好孕吃法 丝瓜肉片汤

● **材料** 瘦猪肉100克，丝瓜150克
● **调料** 清汤、盐、香油、葱、姜、淀粉各适量

做法

① 猪肉洗净，切片；丝瓜去皮洗净，切片。② 葱姜洗净切末；肉片过油锅后，捞出沥油。③ 炒锅上火，加油烧热，下葱姜末爆香，放入肉片炒至发白，加入丝瓜、清汤和盐烧沸，用淀粉勾芡，淋上香油。

好孕吃法 小鱼丝瓜面线

● **材料** 银鱼10克，丝瓜30克，面线50克
● **调料** 大骨汤200克

做法

① 丝瓜洗净去皮后切细丝；面线用剪刀剪成段。② 将大骨汤放入锅中加热，再放入洗净的银鱼、丝瓜煮滚。③ 将面线放入滤网中，用水冲洗后放入锅中，等面线煮熟后即完成。

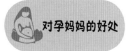

 对胎宝宝的好处

香菇是高蛋白、低脂肪的健康食品，富含维生素D，可促进钙吸收，进而促进胎儿发育。

对孕妈妈的好处

香菇中含有嘌呤、胆碱、络氨酸、氧化酶以及某些核酸物质，可以帮助孕妈妈降低血脂，加速血液循环，可有效预防和缓解妊娠高血压及妊娠水肿等疾病。

哪些孕妈妈不宜吃

患有顽固性皮肤瘙痒症的孕妈妈忌食。

✔ **相宜搭配**

◇香菇+牛肉　▶补气养血　　◇香菇+油菜　▶提高免疫力
◇香菇+猪肉　▶促进消化　　◇香菇+木瓜　▶减脂降压

✖ **禁忌搭配**

⊗香菇+螃蟹　▶引起结石

 香菇蚝油菜心

● **材料**　香菇200克，菜心150克
● **调料**　盐3克，鸡精3克，酱油5克，
　　　　　蚝油50克，高汤适量

做法

①香菇洗净，用高汤煨入味；菜心择去黄叶，洗净。②将菜心入沸水中焯烫至熟。③锅置火上，加入蚝油，下入菜心、香菇、盐、鸡精、酱油，一起炒入味即可。

香菇西红柿面

●**材料** 香菇30克，西红柿30克，切面100克
●**调料** 盐少许

做法

①将香菇洗净，切成小丁，放入清水中浸泡5分钟。②将西红柿洗净，切成小块。③将香菇、西红柿和切面一起煮熟，加盐调味即可。

香菇鸡肉包菜粥

●**材料** 大米80克，鸡脯肉150克，包菜50克，香菇70克
●**调料** 料酒5克，盐3克，葱花适量

做法

①鸡脯肉洗净，切丝，加盐、料酒腌渍；包菜洗净切丝；香菇洗净，切片；大米浸泡。②锅中加清水，放入大米，大火烧沸，下入香菇、鸡肉、包菜，转中火熬煮。③小火将粥熬好，加盐，撒葱花。

香菇鸡腿粥

●**材料** 鲜香菇100克，鸡腿肉120克，大米80克
●**调料** 姜丝、葱花、盐各适量

做法

①鲜香菇洗净，切成细丝；大米淘净；鸡腿肉洗净切块，下油锅炒熟。②砂锅中加入清水，下大米煮沸，放入香菇、姜丝，熬煮至米粒开花。③再加入炒好的鸡腿肉，熬煮成粥，调入盐调味，撒上葱花。

 对胎宝宝的好处

芦笋的蛋白质组成中具有人体所必需的各种氨基酸，含量比例恰当，可以促进胎宝宝正常发育。

对孕妈妈的好处

①芦笋有鲜美芳香的味道，能增进孕妈妈食欲，帮助消化。
②经常食用对有高血压、水肿等病症的孕妈妈有一定的疗效。

哪些孕妈妈不宜吃

患有痛风的孕妈妈不宜多食。

 相宜搭配

☑ 芦笋+猪肉 ▶利于维生素B$_{12}$的吸收
☑ 芦笋+虾仁 ▶醒脑提神，利尿，润肺
☑ 芦笋+百合、冬瓜 ▶抗癌

 禁忌搭配

⊗ 芦笋+羊肉 ▶导致腹痛
⊗ 芦笋+羊肝 ▶降低营养价值

 好孕吃法

核桃仁拌芦笋

● **材料** 芦笋100克，核桃仁50克，红椒10克
● **调料** 盐3克，香油适量

做法

①芦笋洗净，切段；红椒洗净，切片。②锅入水烧开，放入芦笋、红椒焯熟，捞出沥干水分，盛入盘中，加盐、香油、洗净的核桃仁一起拌匀即可。

好孕吃法 上汤芦笋

● **材料** 鸡汤300克，芦笋150克，红椒50克
● **调料** 姜丝10克，盐5克，鸡精1克，胡椒粉1克

做法

①芦笋洗净，切段；红椒洗净，切丝。②锅上火，加水烧开，下入芦笋段稍焯后，捞起装盘。③将鸡汤调入调味料煮开，淋在芦笋上面即可。

好孕吃法 芦笋百合

● **材料** 鲜百合、芦笋各200克
● **调料** 盐、鸡精各3克，胡椒粉2克

做法

①芦笋洗净，切段，下入开水锅内焯一下，捞出控水。②鲜百合瓣片洗净。③锅注油烧热，放入百合煸炒，再放入芦笋炒片刻，加入盐、鸡精、胡椒粉炒匀即可。

好孕吃法 清炒芦笋

● **材料** 芦笋350克，枸杞子适量
● **调料** 盐3克，鸡精2克，醋5克

做法

①将芦笋洗净，沥干水分；枸杞子洗净。②炒锅加入适量油烧至七成热，放入芦笋翻炒，放入适量醋炒匀。③最后调入盐和鸡精，炒入味后即可装盘，撒上枸杞子。

 对胎宝宝的好处　菠菜富含蛋白质，能够促进胎宝宝的生长发育。

对孕妈妈的好处
① 菠菜富含膳食纤维，能够清除胃肠道的有害物质，促进孕妈妈消化，帮助孕妈妈预防孕期便秘。
② 菠菜中富含叶酸，这是备孕女性必须补充的营养素。

哪些孕妈妈不宜吃　正在服用钙片的孕妈妈忌食菠菜。

相宜搭配
- ◇ 菠菜+鸡蛋 ▶预防贫血、营养不良等疾病
- ◇ 菠菜+猪肝 ▶预防和改善缺铁性贫血
- ◇ 菠菜+胡萝卜 ▶预防中风　　◇ 菠菜+鸡血 ▶改善慢性肝病

禁忌搭配
- ⊗ 菠菜+大豆 ▶影响消化吸收
- ⊗ 菠菜+牛肉 ▶阻碍铜、铁的吸收
- ⊗ 菠菜+醋 ▶阻碍钙的吸收

菠菜鸡蓉粥

- ●**材料** 鸡胸脯肉100克，大米50克，菠菜适量
- ●**调料** 盐3克，蛋液、牛奶各适量

做法

① 将鸡胸脯肉去筋洗净，剁成蓉，加牛奶、蛋液、盐腌渍；菠菜洗净切丝。② 大米洗净，大火煮至米粒开花。③ 下入腌好的鸡蓉、菠菜丝稍煮，加盐调味即可。

鳝丝菠菜面

- 材料 菠菜面200克，鳝鱼150克，高汤适量
- 调料 盐3克，葱花、料酒、淀粉、辣椒油各适量

做法

①鳝鱼收拾干净，去骨切丝，加入料酒、盐、淀粉上浆。②菠菜面下入装有高汤的锅中煮熟，捞出装盘。③油锅烧热，鳝鱼丝入锅滑油，待全部熟后捞出倒在菠菜面上，淋入辣椒油，撒上葱花即可。

菠菜五花肉饭卷

- 材料 大米80克，菠菜60克，五花肉片50克
- 调料 熟黑芝麻10克，盐3克，香油适量

做法

①大米泡水30分钟后煮成米饭。②菠菜洗净，用盐开水焯烫剁碎。③用盐和香油搅拌菠菜。④将米饭、菠菜和黑芝麻放入碗里，加盐搅拌。⑤把搅拌好的菠菜黑芝麻米饭用手揉捏成饭团。⑥用五花肉片将菠菜黑芝麻米饭团卷起来，煎至肉片焦黄。

菠菜拌核桃仁

- 材料 菠菜400克，核桃仁150克
- 调料 香油20克，盐4克，鸡精1克

做法

①将菠菜洗净，焯水，装盘待用；核桃仁洗净，入沸水锅中汆水至熟，捞出，倒在菠菜上。②用香油、盐和鸡精调成味汁，淋在菠菜核桃仁上，搅拌均匀即可。

 对胎宝宝的好处　冬瓜富含碳水化合物及多种维生素，可以促进胎宝宝健康发育。

 **对孕妈妈的好处**　久食冬瓜可使孕妈妈保持皮肤洁白如玉，润泽光滑，并可保持形体健美。

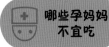 **哪些孕妈妈不宜吃**　脾胃虚弱、肾脏虚寒、阳虚肢冷的孕妈妈忌食。

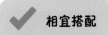 **相宜搭配**
- ✓冬瓜+鸡肉 ▶清热利尿，消肿轻身
- ✓冬瓜+火腿 ▶营养丰富，治疗小便不爽
- ✓冬瓜+鸭肉 ▶清热降火　✓冬瓜+口蘑 ▶利小便、降血压

 禁忌搭配
- ✗冬瓜+醋 ▶降低营养价值
- ✗冬瓜+滋补药 ▶降低滋补效果

好孕吃法 西蓝花蒸冬瓜

- ●**材料** 冬瓜、西蓝花各200克
- ●**调料** 盐3克，鸡精2克

做法

①将西蓝花洗净，掰成小朵，摆盘；冬瓜去皮去瓤，洗净切薄片，摆在西蓝花中间。②入蒸锅蒸至熟。③锅中加油烧热，加少许水，用盐和鸡精调味，淋在冬瓜上即可。

好孕吃法 鲍汁冬瓜

- ●材料 冬瓜350克，西蓝花50克
- ●调料 鲍汁200克，盐3克，鸡精2克

做法

① 将冬瓜去皮洗净，切块，摆盘；西蓝花洗净，掰小朵，焯水后摆在冬瓜盘里。② 将冬瓜放入蒸锅蒸10分钟，取出。③ 炒锅加少许油加热，倒入鲍汁烧沸，加盐和鸡精调味，起锅淋在冬瓜上即可。

好孕吃法 冬瓜桂笋肉汤

- ●材料 素肉块、瘦肉片各50克，冬瓜块、桂竹笋块各100克，黄柏、知母各10克
- ●调料 盐4克，香油1小匙

做法

① 素肉块放入清水中浸泡至软化，挤干水分备用。② 将黄柏、知母洗净，放入棉布袋中与600克清水一同放入锅中，以小火煮沸。③ 加入所有材料混合煮熟，2分钟后关火，加入盐、香油调味，取出棉布袋即可。

好孕吃法 排骨冬瓜汤

- ●材料 排骨300克，冬瓜200克，姜15克
- ●调料 盐4克，味精2克，胡椒粉3克，高汤适量

做法

① 排骨洗净斩块；冬瓜去皮、瓤洗净后切滚刀块；姜洗净去皮，切片。② 锅中注水烧开，下排骨焯烫，捞出沥水。③ 将高汤倒入锅中，放入排骨煮熟，加入冬瓜、姜片继续煮30分钟，加入调味料。

茼蒿

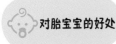 **对胎宝宝的好处**　茼蒿中含有丰富的维生素A和叶酸，是胎儿健康发育不可缺少的营养元素。

 **对孕妈妈的好处**　茼蒿中含有具有特殊香味的挥发油，有助于宽中理气、消食开胃、增强食欲，并且其所含粗纤维有助于孕妈妈肠道蠕动，能够促进排便。

 哪些孕妈妈不宜吃　胃虚泄泻的孕妈妈不宜多食。

 相宜搭配

✓ 茼蒿+肉类　▶帮助充分吸收维生素
✓ 茼蒿+猪心　▶开胃健脾，降压补脑
✓ 茼蒿+鸡蛋　▶帮助充分吸收维生素A

 禁忌搭配

✗ 茼蒿+醋　　▶降低营养价值
✗ 茼蒿+胡萝卜　▶破坏维生素C

蒜蓉茼蒿

● **材料**　茼蒿400克，大蒜20克
● **调料**　盐3克，味精2克

做法

①大蒜洗净去皮，剁成细末；茼蒿去掉黄叶后洗净。②锅中加水，烧沸，将茼蒿稍焯，捞出。③锅中加油，炒香蒜蓉，下入茼蒿，再加调味料，翻炒匀即可食用。

生拌茼蒿

- **材料** 茼蒿300克
- **调料** 干红椒20克，盐、味精各3克，香油10克

做法

① 干红椒洗净，切段，入油锅稍炸后取出；茼蒿洗净，入沸水中焯水后捞出，沥干水分。② 将茼蒿与干红椒同拌，调入盐、味精拌匀。③ 淋入香油即可。

粉蒸茼蒿

- **材料** 茼蒿300克，米粉50克
- **调料** 盐3克，猪油50克

做法

① 茼蒿洗净。② 茼蒿盛入钵内，加入米粉、盐、猪油一起拌匀。③ 把拌好的茼蒿放入碗中，蒸40分钟即可。

风味茼蒿

- **材料** 茼蒿300克，芝麻50克，生菜200克，红椒20克
- **调料** 盐3克，鸡精1克，香油15克

做法

① 生菜洗净放盘底；茼蒿洗净，切段，稍过水，装盘待用。② 将红椒洗净，切成细丝。③ 锅注油烧热，放入红椒和芝麻炒香，倒在茼蒿上。④ 加盐、鸡精和香油调味，搅拌均匀即可。

山药

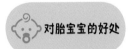 **对胎宝宝的好处**
山药中所含的蛋白质可帮助胎宝宝大脑发育以及合成内脏、肌肉、皮肤等。

 **对孕妈妈的好处**
①山药可健脾胃，促进孕妈妈肠蠕动，预防和缓解便秘。
②山药中含有大量的淀粉，可产生饱腹感，但其又不缺少营养元素，所以体重超标的孕妈妈食用山药有纤体的作用。

 哪些孕妈妈不宜吃
孕期感冒、大便燥结、肠胃食物积滞的孕妈妈忌食。

 相宜搭配
◇山药+胡萝卜▶美容养颜
◇山药+黑木耳▶营养丰富
◇山药+排骨▶改善体质，消除疲劳

 禁忌搭配
⊗山药+黄瓜▶降低营养价值
⊗山药+菠菜▶降低营养价值
⊗山药+鲫鱼▶不利于营养物质的吸收

话梅山药

●**材料** 山药300克，话梅4颗
●**调料** 冰糖适量

做法

①山药去皮，洗净，切长条，入沸水锅焯水后，放冰水里冷却后装盘。
②锅置火上，加入少量水，放入话梅和冰糖，熬至冰糖融化，倒出晾凉，再倒在山药上。③将山药放冰箱冷藏1小时，待汤汁渗入后即可取出食用。

好孕吃法 山药肉片汤

●材料 山药、瘦肉各75克，玉米须、枸杞子各少许

●调料 清汤适量，盐6克，葱花、姜片各2克

做法

①山药去皮洗净切片；瘦肉洗净切片；玉米须泡发；枸杞子洗净备用。②净锅上火倒入清汤，调入盐、葱花、姜片，下入肉片烧开，打去浮沫，再下入玉米须、枸杞子、山药至熟即可。

好孕吃法 山药炒胡萝卜

●材料 山药、胡萝卜各200克

●调料 冰糖、蜂蜜、盐各适量

做法

①山药、胡萝卜洗净，去皮，切块，分别焯水，沥干。②冰糖、蜂蜜、盐，加清水放入锅中煮，待汤汁熬浓稠时，加入山药、胡萝卜翻炒均匀即可。

好孕吃法 凉拌山药丝

●材料 山药500克，木耳（水发）10克

●调料 姜丝9克，葱丝9克，糖、醋、香油、盐、橙汁、红椒丝各适量

做法

①将山药去皮洗净，切成细丝，下沸水中焯一下，捞起放入冷开水中过凉。②将木耳洗净，切成细丝；将葱、姜丝和盐、木耳丝一起拌入山药丝中。③将香油、醋、红椒丝、糖和橙汁调成汁，浇在山药丝上。

莲藕

 对胎宝宝的好处

莲藕富含植物蛋白质、维生素及铁、钙等微量元素，可以增强胎宝宝的免疫力。

 对孕妈妈的好处

莲藕富含植物蛋白质、维生素、淀粉及铁、钙等微量元素，补益气血的作用明显，可增强孕妈妈的免疫力。

 哪些孕妈妈不宜吃

脾胃消化功能低下、大便溏泄的孕妈妈不宜食用。

 相宜搭配

- ✓ 莲藕+芹菜 ▶ 减肥瘦身
- ✓ 莲藕+猪肉 ▶ 健胃，壮体
- ✓ 莲藕+鳝鱼 ▶ 滋阴血，健脾胃

 禁忌搭配

- ✗ 莲藕+菊花 ▶ 腹泻
- ✗ 莲藕+人参 ▶ 药性相反

莲藕黑豆猪蹄汤

● **材料** 莲藕750克，陈皮10克，猪蹄1只，红枣4颗，黑豆100克

● **调料** 盐少许

做法

① 莲藕洗净，切块；猪蹄刮净，洗净斩块，煮5分钟；黑豆洗净，入锅中炒至豆衣裂开；陈皮、红枣分别洗净。

② 瓦煲内加入适量清水，放入全部材料，待水开继续煲3小时，加入盐。

好孕吃法 家乡炒藕片

● 材料　莲藕350克，西红柿30克，蒜苗15克
● 调料　水淀粉10克，盐3克，鸡精2克

做法

① 将莲藕去皮，洗净，切成厚薄均匀的片，焯水后捞出沥干备用；西红柿洗净，切薄片；蒜苗洗净，切段。② 炒锅注入适量油烧热，放入莲藕快速滑炒，再放入西红柿片和蒜苗段炒熟。③ 最后调入盐和鸡精调味，加水淀粉勾芡，起锅装盘即可。

好孕吃法 莲藕炒西芹

● 材料　莲藕、西芹各200克，胡萝卜、紫包菜各50克
● 调料　盐3克，鸡精2克，醋适量

做法

① 莲藕去皮洗净，切片；西芹洗净，切段；胡萝卜洗净，切片；紫包菜洗净，切片。② 锅下油烧热，放入莲藕、西芹、胡萝卜、紫包菜一起翻炒片刻，加盐、鸡精、醋调味，炒至断生，装盘即可。

好孕吃法 柠檬藕片

● 材料　莲藕300克
● 调料　红椒3克，柠檬汁适量

做法

① 莲藕去皮洗净，切片；红椒去蒂洗净，切丝。② 锅入水烧开，放入藕片焯水后，捞出沥干，装盘，淋上柠檬汁，用红椒丝点缀即可。

白萝卜

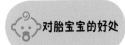
对胎宝宝的好处

白萝卜含有丰富的维生素A、维生素C、淀粉酶、氧化酶、锰等元素，可以促进胎宝宝健康发育。

对孕妈妈的好处

①食积腹胀、消化不良、胃纳欠佳的孕妈妈食用可以缓解相关症状。
②咳嗽咯痰的孕妈妈可煮食缓解感冒。
③食用白萝卜可以消除孕妈妈排尿不畅、浮肿的症状。

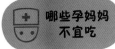
哪些孕妈妈不宜吃

阴盛偏寒体质、脾胃虚寒的孕妈妈不宜多食。有先兆流产症状的孕妈妈少食。

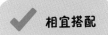
相宜搭配

✓白萝卜+紫菜　▶清肺热，缓解咳嗽
✓白萝卜+豆腐　▶帮助人体吸收豆腐的营养
✓白萝卜+羊肉、牛肉　▶降低胆固醇，防癌

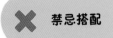
禁忌搭配

✕白萝卜+黑木耳　▶易引发皮炎
✕白萝卜+橘子　▶易诱发甲状腺肿大
✕白萝卜+人参　▶功能相抵，影响滋补作用

鸡肉枸杞萝卜粥

●**材料** 白萝卜120克，鸡脯肉100克，枸杞子30克，大米80克
●**调料** 盐、葱花、鸡汤各适量

做法

①白萝卜洗净，切块；枸杞子洗净；鸡脯肉洗净，切丝；大米淘净。②大米放入锅中，倒入鸡汤烧沸，下白萝卜、枸杞子，煮至米粒软散。③下入鸡脯肉，粥熬至浓稠，加盐，撒葱花。

好孕吃法 鸡蛋白萝卜丝

- **材料** 白萝卜300克，鸡蛋3个
- **调料** 葱花10克，盐3克，味精少许

做法

① 白萝卜洗净，去皮，切丝，加少许盐腌渍15分钟；鸡蛋磕入碗中，打散，再倒入少许温水加少许盐打成蛋花。② 炒锅烧热，倒入油，烧至七成热时将白萝卜丝放入翻炒。③ 待白萝卜丝将熟时，撒入葱花，并马上淋入蛋花，炒散后放入味精调味即可。

好孕吃法 家乡白萝卜拌海蜇

- **材料** 白萝卜100克，海蜇200克，黄瓜50克
- **调料** 盐3克，香油、白醋各适量

做法

① 白萝卜去皮洗净，切丝；海蜇洗净，切丝；黄瓜洗净，切片。② 锅入水烧开，分别将白萝卜、海蜇焯熟后，捞出沥干装盘，然后加盐、香油、白醋一起拌匀。③ 将切好的黄瓜片摆盘即可。

好孕吃法 农家白萝卜皮

- **材料** 白萝卜300克，红椒少许
- **调料** 盐3克，味精1克，醋8克，生抽10克，葱适量

做法

① 白萝卜洗净，取皮切片；葱洗净，切花；红椒洗净，切圈。② 锅内注水烧沸，放入萝卜皮焯一下后，捞起沥干水分并装入盘中。③ 用盐、味精、醋、生抽调成汁，浇在萝卜皮上面，撒上红椒圈、葱花即可。

西红柿

 对胎宝宝的好处

西红柿中的红色色素成分是番茄红素，具有很强的抗氧化作用，能清除有害人体的自由基，保护胎宝宝的每一个细胞。

 对孕妈妈的好处

西红柿含胡萝卜素、维生素C，有消褪色素的功效，能帮助孕妈妈预防和减轻妊娠斑、妊娠纹，还能进一步美白肌肤，让孕妈妈的皮肤变得更加年轻白皙。

 哪些孕妈妈不宜吃

有溃疡的孕妈妈忌食。

 相宜搭配

◎西红柿+花菜　▶抗癌
◎西红柿+芹菜　▶降压，健胃消食
◎西红柿+鸡蛋　▶有利于吸收营养

✕ 禁忌搭配

⊗西红柿+猪肝　▶破坏维生素C
⊗西红柿+鱼肉　▶抑制铜的释放量
⊗西红柿+绿豆　▶伤元气　⊗西红柿+黄瓜　▶破坏维生素C

西红柿炒鸡蛋

● **材料**　西红柿200克，鸡蛋2个
● **调料**　白糖10克，盐3克

做法

①西红柿洗净切块；鸡蛋打入碗内，加入少许盐搅匀。②锅放油，将鸡蛋倒入，炒成散块盛出。③锅中再放油，放入西红柿翻炒，再放入炒好的鸡蛋翻炒均匀，加入白糖、盐，翻炒几下即成。

西红柿鸡蛋面

- **材料** 面条200克，西红柿、鸡蛋、油菜各适量
- **调料** 盐、味精各3克，葱适量

做法

①油菜洗净，对半切开，焯熟；西红柿、葱洗净，均切末。②面条下入刚焯过油菜的水锅中，小火煮熟。③鸡蛋略炒后倒入西红柿翻炒至熟，加盐、味精调味后倒入碗内，摆上油菜，撒上葱花。

西红柿牛腩煲

- **材料** 牛腩250克，西红柿100克，鸡蛋1个
- **调料** 盐适量，味精3克，葱花6克，水淀粉10克

做法

①将牛腩、西红柿洗净切丁，鸡蛋打入碗内搅匀备用。②净锅上火倒入油，将葱花炝香，下入西红柿略炒，加入水，放入牛腩，调入盐、味精煮至熟，再调入水淀粉勾芡，倒入鸡蛋液烧开即可。

大头菜西红柿素汤

- **材料** 大头菜100克，西红柿1个，山药75克
- **调料** 清汤适量，盐4克，香油3克

做法

①将大头菜洗净切丝；西红柿洗净切片；山药去皮洗净，切丝备用。②净锅上火倒入清汤，调入盐，下入大头菜、西红柿、山药煲至熟，淋入香油即可。

水果 ▶

香蕉

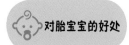
对胎宝宝的好处

香蕉是钾的极好来源，并含有丰富的叶酸；而体内叶酸及亚叶酸和维生素B$_6$的储存是保证胎儿神经管正常发育，避免无脑、脊柱裂严重畸形发生的关键性因素。

对孕妈妈的好处

①肉如饴蜜的香蕉含有一种能使孕妈妈情绪愉悦、安宁的物质。
②香蕉含钙量高，可以给孕妈妈补充钙元素。

哪些孕妈妈不宜吃

慢性肠炎、虚寒腹泻、经常大便溏薄的孕妈妈忌食。

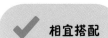
✔ 相宜搭配

◎ 香蕉+土豆　▶可有效预防结肠癌
◎ 香蕉+牛奶　▶提高对维生素B$_{12}$的吸收
◎ 香蕉+燕麦　▶提高血清素含量，改善睡眠

✗ 禁忌搭配

⊗ 香蕉+芋头　▶导致腹胀
⊗ 香蕉+红薯　▶引起身体不适
⊗ 香蕉+酸奶　▶产生致癌物质

脆皮香蕉

●**材料** 香蕉1根，吉士粉10克，面粉250克，泡打粉10克，白糖20克
●**调料** 淀粉30克

做法

①将白糖、吉士粉、面粉、泡打粉、淀粉放入碗中，加入水和匀制成面糊。
②香蕉去皮切段，放入调好的面糊中，均匀裹上一层面糊。③将面糊放入烧热的油锅中，炸至金黄色即可捞出。

香蕉优酪乳

● **材料** 香蕉2根，优酪乳200克，柠檬半个

做法

① 将香蕉去皮，切小段，放入榨汁机中搅碎，盛入杯中备用。② 柠檬洗净，切块，榨成汁，加入优酪乳、香蕉汁，搅匀即可。

 ## 香蕉牛奶汁

● **材料** 香蕉1根，牛奶50克，火龙果少许

做法

① 将香蕉去皮，切成段；火龙果去皮，切成小块，与牛奶、香蕉一起放入榨汁器中，搅打成汁。② 将香蕉牛奶汁倒入杯中即可。

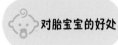

对胎宝宝的好处 橙子中含大量维生素C，且易于吸收，可以促进胎宝宝智力正常发育。

对孕妈妈的好处 橙子中含量丰富的维生素C、维生素P能增强孕妇机体的抵抗力，增加毛细血管的弹性，降低血液中胆固醇含量。

哪些孕妈妈不宜吃 患糖尿病的孕妈妈忌食。

✔ 相宜搭配
- ⊘ 橙子+黄酒 ▶ 缓解乳腺炎
- ⊘ 橙子+玉米 ▶ 促进维生素的吸收
- ⊘ 橙子+蜂蜜 ▶ 可缓解胃气不和、呕逆少食

✘ 禁忌搭配
- ⊗ 橙子+牛奶 ▶ 影响消化
- ⊗ 橙子+水獭肉 ▶ 头晕、恶心
- ⊗ 橙子+动物肝脏 ▶ 破坏维生素的吸收

橙子当归鸡汤

- ●**材料** 橙子、南瓜各100克，肉鸡175克，当归6克
- ●**调料** 盐3克，白糖3克，葱花适量

做法

①将橙子、南瓜清洗干净切块；肉鸡收拾干净，斩块汆水；当归清洗干净备用。②煲锅上火倒入水，调入盐、白糖，下入橙子、南瓜、鸡肉、当归，煲至熟，撒葱花即可。

柳橙香瓜汁

● **材料** 柠檬1个，柳橙1个，香瓜1个，冰块少许

做法

①柠檬洗净，切块；柳橙洗净，去皮、籽，切块。②香瓜洗净，切块。③将柠檬、柳橙、香瓜放入榨汁机挤压成汁。④向果汁中加少许冰块，再依个人口味调味。

柳橙苹果梨汁

● **材料** 柳橙2个，苹果1/2个，雪梨1/4个，温开水30克

做法

①柳橙洗净去皮，切成小块。②苹果洗净，去核；雪梨洗净，去皮。以上材料均切成小块。③把备好的柳橙、苹果、雪梨和水放入果汁机内，搅打均匀即可。

苹果

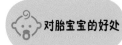 对胎宝宝的好处
①孕妇食苹果可补充锌和碘，有利于胎儿的智力发育。
②苹果富含黄酮类化合物，如果妇女在怀孕期间每周食用苹果超过4个，则未来婴儿患哮喘的概率会下降53%。

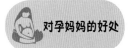 对孕妈妈的好处
苹果甜酸爽口，可增进食欲，促进消化。在妊娠早期，多数孕妈妈会发生"呕吐"现象。妊娠呕吐的孕妇进食苹果，不仅能补充维生素C等营养素，还可维持水、盐及电解质平衡。

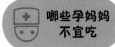 哪些孕妈妈不宜吃
患有胃寒病的孕妈妈忌食生冷苹果，患糖尿病的孕妈妈也要少食。

 相宜搭配
◇苹果+腌渍食品 ▶防癌
◇苹果+绿茶 ▶防癌，抗老化
◇苹果+银耳 ▶润肺止咳　◇苹果+香蕉 ▶防止铅中毒

 禁忌搭配
⊗苹果+白萝卜 ▶导致甲状腺肿大
⊗苹果+胡萝卜 ▶破坏维生素C
⊗苹果+海味 ▶引起腹痛、恶心、呕吐

好孕吃法 苹果汁

●材料 苹果（富士）2个，西蓝花适量，水100克

做法

①苹果洗净，切成小块；西蓝花洗净。②在果汁机内放入苹果和水，搅打均匀。③把果汁倒入杯中，用苹果和西蓝花装饰即可。

苹果优酪乳

材料 苹果1个，原味优酪乳60克，蜂蜜30克，凉开水80克

做法

①将苹果洗净，去皮、籽，切成小块备用。②将苹果及其他材料放入榨汁机内，快速搅打2分钟即可盛入杯中饮用。

苹果菠萝柠檬汁

材料 苹果1个，菠萝300克，桃子1个，柠檬1个，冰块适量

做法

①将桃子洗净，去核，切块；柠檬洗净，切片；苹果洗净，去皮，切块；菠萝去皮，洗净切成块。②将所有的原材料放入搅拌机内榨成汁，加入冰块。

柠檬

 **对胎宝宝的好处**
柠檬含有烟酸和丰富的有机酸、钾、钠，可以促进胎宝宝身体正常发育，提高免疫力。

 **对孕妈妈的好处**
柠檬果实中含有糖类、钙、磷、铁及维生素B₁、维生素B₂、维生素C等多种营养成分，对促进孕妇新陈代谢、增强身体抵御能力等都十分有帮助。

 哪些孕妈妈不宜吃
胃酸过多的孕妈妈不宜多食。

 相宜搭配
- ✓ 柠檬+鸡肉 ▶促进食欲
- ✓ 柠檬+蜂蜜 ▶养颜美容
- ✓ 柠檬+醋 ▶减肥美容　✓ 柠檬+盐 ▶缓解伤寒

 禁忌搭配
- ✗ 柠檬+海鲜 ▶引起食物中毒
- ✗ 柠檬+橘子 ▶易导致消化道溃疡
- ✗ 柠檬+山楂 ▶影响肠胃消化功能

好孕吃法 柠檬香瓜汁

● **材料** 柠檬1个，香瓜1个

做法

①柠檬洗净，切块，切成可放入榨汁机的大小；香瓜洗净，去籽，切块。

②将柠檬、香瓜依序放入榨汁机中，搅打成汁即可。

酸甜柠檬浆

● 材料 柠檬半个，蜂蜜适量，豆浆180克

做法

① 柠檬洗净，去皮、籽，切块，放入榨汁机榨汁。② 将豆浆和蜂蜜倒入榨汁机容杯中搅拌后，再倒入玻璃杯中。③ 在玻璃杯中加柠檬汁，混合均匀即可。

柠檬汁

● 材料 柠檬2个，蜂蜜30克，凉开水60克

做法

① 将柠檬洗净，去籽，对半切开后榨成汁。② 将柠檬汁及其他材料倒入有盖的大杯中。③ 盖紧盖子摇动10~20下，倒入小杯中即可。

樱桃

 对胎宝宝的好处

樱桃的营养价值非常高，含有丰富的铁元素，可以促进胎宝宝健康发育。

 对孕妈妈的好处

樱桃含有丰富的铁元素，有利于生血，并含有磷、镁、钾，其维生素A的含量比苹果高出4～5倍，这些都是孕妇怀孕期间所需的营养元素。樱桃是孕妇、哺乳中妇女补充营养的理想水果。

 哪些孕妈妈不宜吃

患有便秘、痔疮、高血压、喉咙肿痛的孕妈妈少吃为宜，糖尿病患者忌食。

 相宜搭配

⊘ 樱桃+葱　▶对麻疹有很好的疗效
⊘ 樱桃+白糖　▶对慢性气管炎有疗效
⊘ 樱桃+银耳　▶补虚强身，除痹止痛，美容养颜

 禁忌搭配

⊗ 樱桃+牛肝　▶破坏维生素C
⊗ 樱桃+黄瓜　▶降低营养价值

 ## 樱桃牛奶

● **材料** 樱桃10颗，低脂牛奶200克，
　　　　蜂蜜少许

做法

① 将樱桃洗净，去核，放入榨汁机中，倒入牛奶与蜂蜜。② 搅匀后即可饮用。

好孕吟法 樱桃鲜果汁

● 材料 樱桃8颗，菠萝50克，柠檬
1个，蜂蜜10克，冷开水
400克

做法

① 将樱桃洗净，去皮、核（籽）；
菠萝去皮，洗净，切块；柠檬洗
净，去籽，切块。② 将樱桃、菠
萝、柠檬放入榨汁机中。③ 加入冷
开水、蜂蜜，榨汁即可。

好孕吟法 樱桃西红柿柳橙汁

● 材料 西红柿半个，柳橙1个，樱
桃300克

做法

① 将柳橙洗净，对切，榨汁。② 将
樱桃、西红柿洗净，切小块，放入
榨汁机榨汁，以滤网滤去残渣。
③ 将做法1及做法2的果汁混合拌匀
即可饮用。

火龙果

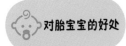 火龙果含有一般植物少有的植物性白蛋白及花青素、水溶性膳食纤维，对胎儿有很好的保健功效。

 火龙果含有丰富的水溶性膳食纤维，能促进肠道的收缩和蠕动，起到通便作用，可以起到预防孕妇便秘的功效。

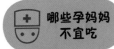 糖尿病孕妇少量食用。

✓ 火龙果+虾　▶消热祛燥，增进食欲
✓ 火龙果+枸杞子　▶补血养颜

⊗ 火龙果+巧克力　▶影响钙吸收
⊗ 火龙果+山楂　▶引起消化不良、腹痛、腹胀

火龙果降压果汁

● 材料　火龙果200克，柠檬半个，酸奶200克

做法

① 将火龙果洗净，对半切开后挖出果肉备用。② 柠檬洗净，连皮切成小块。③ 将所有材料倒入搅拌机打成果汁即可饮用。

好孕吃法 香蕉火龙果汁

● **材料** 火龙果半个，香蕉1根，优
酪乳200克

做法

① 将火龙果和香蕉分别去皮，切块
备用。② 将准备好的材料放入榨汁
机内，加优酪乳，搅打成汁即可。

好孕吃法 火龙果排毒汁

● **材料** 火龙果肉150克，苦瓜60克，
蜂蜜1汤匙，矿泉水100克，
冰20克

做法

① 将火龙果肉切成粒；苦瓜洗净，
切成粒。② 将火龙果、苦瓜、矿泉
水、冰粒倒入搅拌机内，搅打20秒
钟成汁，加入蜂蜜即可。

草莓

 对胎宝宝的好处　草莓含有多种维生素，对胎宝宝的脑和智力发育有重要影响。

 对孕妈妈的好处　草莓对胃肠道和贫血均有一定的滋补调理作用。饭后吃一些草莓可分解食物中的脂肪，有利于孕妈妈消化。

 哪些孕妈妈不宜吃　脾胃虚弱、肺寒腹泻的孕妈妈忌食。

 相宜搭配

- ☑ 草莓+冰糖 ▶解渴除烦
- ☑ 草莓+牛奶 ▶有利于维生素B_{12}的吸收
- ☑ 草莓+红糖 ▶利咽润肺　☑ 草莓+蜂蜜 ▶补虚养血

 禁忌搭配

- ✗ 草莓+樱桃 ▶容易上火
- ✗ 草莓+牛肝 ▶破坏维生素C
- ✗ 草莓+香油 ▶通肠润肺

优格土豆铜锣烧

- ●**材料** 优格适量，土豆50克，草莓2颗，芒果半个，小蓝莓3颗，
- ●**调料** 低筋面粉150克，鸡蛋2个，盐少许

做法

①土豆去皮洗净，蒸熟压成泥；芒果洗净，挖成球状；草莓、蓝莓洗净。②鸡蛋打散，加低筋面粉、盐拌匀，煎成铜锣烧。③铜锣烧上铺土豆泥，摆芒果球、草莓，倒优格，放小蓝莓。

好孕吃法 草莓蛋乳汁

●材料 草莓80克，鲜奶150克，蜂蜜
少许，新鲜蛋黄1个

做法

①将草莓洗净，去蒂，放入榨汁机
中。②再加入鲜奶、蛋黄、蜂蜜，
搅匀即可。

好孕吃法 草莓香瓜汁

●材料 草莓5颗，香瓜半个，冷开
水300克，果糖3克

做法

①草莓去蒂，洗净，切小块；香瓜
洗净后去皮，去籽，切小块。②将
所有材料与冷开水一起放入榨汁机
中，榨成汁。③加入果糖调味即可
饮用。

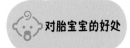 **对胎宝宝的好处**

孕中晚期后，胎儿对铁的需求量特别大，而桃子中含有大量的铁，孕妈妈适当地吃一些桃子对胎儿的发育是很有好处的。

 **对孕妈妈的好处**

孕妇适当地吃一些桃子对自身也是很有好处的，因为桃子味道甜美，果肉软嫩，而且含有丰富的维生素、矿物质以及大量的水分，具有养阴生津的作用。

 **哪些孕妈妈不宜吃**

糖尿病孕妇患者血糖过高时应少食桃子。

 相宜搭配

- ⊘ 桃子+牛奶 ▶滋养皮肤
- ⊘ 桃子+莴笋 ▶营养丰富

 **禁忌搭配**

- ⊗ 桃子+蟹肉 ▶影响蛋白质的吸收
- ⊗ 桃子+白酒 ▶导致头晕、呕吐、心跳加快
- ⊗ 桃子+甲鱼 ▶心痛　　⊗ 桃子+萝卜 ▶破坏维生素C

好孕吃法 桃子香瓜汁

● **材料** 桃子1个，香瓜200克，柠檬1个

做法

①桃子洗净，去皮和核，切块；香瓜去皮，洗净切块；柠檬洗净，切片。②将桃子、香瓜、柠檬放进榨汁机中榨出果汁。③将果汁倒入杯中即可饮用。

好孕吃法　桃汁

● **材料** 桃子1个，胡萝卜30克，柠檬1/4个，牛奶100克

做法

①胡萝卜洗净，去皮；桃子去皮去核；柠檬洗净。②将以上材料切成适当大小的块，与柠檬汁、牛奶一起放入榨汁机内搅打成汁，滤出果肉，即可饮用。

好孕吃法　桃子苹果汁

● **材料** 桃子1个，苹果1个，柠檬半个

做法

①将桃子洗净，对切为二，去核；苹果洗净去掉果核，切块；柠檬洗净，切片。②将苹果、桃子、柠檬放进榨汁机中，榨出汁即可。

橘子

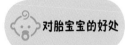 **对胎宝宝的好处**　橘子中含有丰富的维生素C和烟酸等，可以促进胎宝宝发育，提高免疫力。

 **对孕妈妈的好处**　橘子中含有大量的维生素C，而维生素C是提高人体免疫力、参与人体正常代谢的重要营养物质，有利于孕妈妈增强抵抗力。

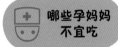 **哪些孕妈妈不宜吃**　风寒咳嗽、多痰、糖尿病、口疮、食欲不振、大便秘结、咳嗽多痰的孕妇忌食。

 相宜搭配

- ⊘ 橘子+生姜 ▶ 治疗感冒
- ⊘ 橘子+玉米 ▶ 有利于维生素的吸收
- ⊘ 橘子+桂圆+冰糖 ▶ 缓解痢疾

 禁忌搭配

- ⊗ 橘子+兔肉 ▶ 腹泻，损害肠胃
- ⊗ 橘子+萝卜 ▶ 引发甲状腺肿病
- ⊗ 橘子+动物肝脏 ▶ 破坏维生素C

橘子优酪乳

● **材料** 橘子2个

● **调料** 优酪乳250克

做法

①将橘子清洗干净，去皮、籽，备用。②将橘子放入榨汁机内，榨出汁，加入优酪乳，搅拌均匀即可。

石榴

 对胎宝宝的好处

女性怀孕期间多喝石榴汁可以降低胎儿大脑发育异常的概率。

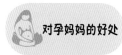 **对孕妈妈的好处**

石榴汁里含有丰富的多酚化合物，具有抗衰老、保护神经系统和稳定情绪的作用，可以有效地改善食欲不振的症状，减轻孕妇呕吐、疼痛症状，增加营养吸收。

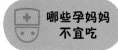 **哪些孕妈妈不宜吃**

大便秘结、糖尿病、急性盆腔炎、尿道炎以及感冒、肺气虚弱、肺病的孕妇患者忌食。

 相宜搭配

♡ 石榴+小茴香 ▷ 治疗久痢
♡ 石榴+冰糖 ▷ 生津止渴，镇静安神
♡ 石榴+山楂 ▷ 治痢疾　　♡ 石榴+生姜 ▷ 增加食欲

 禁忌搭配

⊗ 石榴+土豆 ▷ 引起中毒
⊗ 石榴+螃蟹 ▷ 刺激肠胃，不利消化
⊗ 石榴+带鱼 ▷ 引起头晕、恶心、腹痛、腹泻

石榴苹果汁

●**材料** 石榴、苹果、柠檬各1个

做法

① 剥开石榴的皮，取出果实；将苹果清洗干净，去核，切块；将柠檬洗净，切块。② 将苹果、石榴、柠檬放进榨汁机中榨汁即可。

五谷杂粮 ▶

玉米

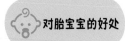 对胎宝宝的好处

玉米富含天冬氨酸、谷氨酸等氨基酸，有很强的健脑功效，对胎儿的大脑发育和智力发展十分有利。

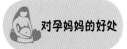 对孕妈妈的好处

孕妇吃玉米有利于弥补由于经常食用米饭、精制面粉等所造成的营养缺失。

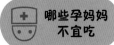 哪些孕妈妈不宜吃

患有干燥综合征、糖尿病且属阴虚火旺之孕妈妈不宜食用爆玉米花，否则易助火伤阴。

相宜搭配

- ✓ 玉米+山药 ▶获得更多营养
- ✓ 玉米+鸡蛋 ▶防胆固醇过高
- ✓ 玉米+松仁 ▶祛病强身，防癌抗癌

禁忌搭配

- ✗ 玉米+田螺 ▶引起中毒

好孕吃法 玉米炒蛋

- ●材料 玉米粒、胡萝卜各100克，鸡蛋1个，青豆10克
- ●调料 盐、水淀粉、葱白、葱花各适量

做法

①玉米粒、青豆、胡萝卜洗净，胡萝卜切粒，煮熟；鸡蛋加盐和水淀粉调匀。②锅内倒入蛋液，凝固时盛出，炒葱白。③放玉米粒、胡萝卜粒、青豆，炒香时放蛋块，加盐，撒葱花。

玉米鲜虾仁

- **材料** 虾仁100克，玉米粒200克，豌豆50克，火腿适量
- **调料** 盐3克，味精1克，白糖适量

做法

①虾仁清洗干净；玉米粒、豌豆洗净，焯至断生；火腿切丁。②锅中下虾仁和火腿，炒至变色，加玉米粒和豌豆同炒。③待所有原材料均炒熟时加入白糖、盐和味精调味，炒匀即可。

牛奶玉米粥

- **材料** 玉米粉80克，牛奶120克，枸杞子少许
- **调料** 白糖5克

做法

①枸杞子洗净备用。②锅置火上，倒入牛奶煮沸后，缓缓倒入玉米粉，搅拌至半凝固状。③放入枸杞子，用小火煮至粥呈浓稠状，调入白糖入味即可食用。

芹菜玉米粥

- **材料** 大米100克，芹菜、玉米各30克
- **调料** 盐2克，味精1克

做法

①芹菜、玉米洗净，芹菜切段；大米洗净。②锅置火上，注水后，放入大米用旺火煮至米粒绽开。③放入芹菜、玉米，改用小火焖煮至粥成，调入盐、味精入味即可食用。

大米

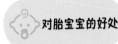 **对胎宝宝的好处**

大米含有蛋白质、脂肪、维生素B₁、维生素A、维生素E及多种矿物质，可以促进胎宝宝健康发育。

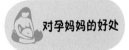 **对孕妈妈的好处**

大米可提供丰富的维生素、谷维素、蛋白质、花青素等营养成分，具有补中益气、健脾养胃的功效，可以为孕妈妈补充能量，提高免疫力。

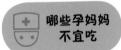 **哪些孕妈妈不宜吃**

患有糖尿病以及干燥综合征的孕妈妈不宜食用大米制成的爆米花，因为易伤阴助火。

 相宜搭配

⊘ 大米+菠菜 ▶润燥养血
⊘ 大米+山药 ▶健脾益胃，助消化
⊘ 大米+燕窝 ▶平和五脏，滋阴补气

 禁忌搭配

⊗ 大米+蜂蜜 ▶引起胃痛
⊗ 大米+牛奶 ▶破坏维生素A
⊗ 大米+蕨菜 ▶降低维生素B₁的消化吸收

好孕吃法 安神猪心粥

● **材料** 猪心120克，大米150克
● **调料** 葱花3克，姜末2克，料酒5克，盐、味精各3克

做法

①大米洗净，泡半小时；猪心洗净，剖开切成薄片，用盐、味精、料酒腌渍。②大米加水煮沸，放入腌好的猪心、姜末，转中火熬煮。③改小火熬煮成粥，加入盐调味，撒上葱花。

好孕吃法 韭菜牛肉粥

- **材料** 韭菜35克，牛肉80克，红椒20克，大米100克
- **调料** 盐3克，味精、姜末、胡椒粉各适量

做法

① 韭菜洗净切段，大米淘净，牛肉洗净切片，红椒洗净切圈。② 大米放入锅中，加水，大火烧开，下入牛肉和姜末，熬至粥成。③ 放入韭菜、红椒，待粥熬至浓稠状，加盐、味精、胡椒粉调味即可。

好孕吃法 木瓜大米粥

- **材料** 大米80克，木瓜适量
- **调料** 盐2克，葱少许

做法

① 大米洗净泡发；木瓜去皮洗净，切小块；葱洗净，切成葱花。② 锅置火上，注水烧开后，放入大米，用大火煮至熟后，加入木瓜用小火焖煮。③ 煮至粥浓稠时，加入盐入味，撒上葱花即可食用。

好孕吃法 黄瓜猪蹄粥

- **材料** 猪肘肉120克，黄瓜片50克，木通、漏芦各10克，大米120克
- **调料** 盐2克，葱花、豆豉、枸杞子各适量

做法

① 木通、漏芦洗净，煎煮后取汁；大米淘净；猪肘肉入锅炖好；枸杞子洗净。② 大米加水，大火煮沸，下入猪肘肉、豆豉、枸杞子，倒入药汁，熬煮至米粒开花。③ 下入黄瓜，熬煮成粥，调入盐调味，撒葱花。

小米

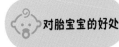 **对胎宝宝的好处**　小米含蛋白质、脂肪、铁和维生素等，消化吸收率高，对胎儿的生长发育功不可没。

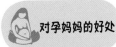 **对孕妈妈的好处**　小米富含维生素B_1、维生素B_{12}等，具有缓解孕妈妈消化不良及口角生疮的食疗功效。

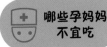 **哪些孕妈妈不宜吃**　气滞、体质偏虚寒、小便清长的孕妈妈不宜过多食用。

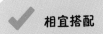 **相宜搭配**
- ⊘ 小米+红糖 ▶ 补虚，补血
- ⊘ 小米+黄豆 ▶ 健脾和胃，益气宽中
- ⊘ 小米+洋葱 ▶ 生津止渴，降脂降糖

 禁忌搭配　⊗ 小米+杏仁 ▶ 使人呕吐、泄泻

山药芝麻小米粥

● **材料**　山药、黑芝麻各适量，小米70克
● **调料**　盐2克，葱8克

做法

①小米泡发洗净；山药洗净，去皮切丁；黑芝麻洗净；葱洗净，切花。②锅置火上，倒入清水，放入小米、山药煮开。③加入黑芝麻同煮至浓稠状，调入盐拌匀，撒上葱花即可。

母鸡小米粥

- **材料** 小米80克，母鸡肉150克
- **调料** 料酒6克，姜丝10克，盐3克，葱花少许

做法

① 母鸡肉洗净，切小块，用料酒腌渍；小米淘净。② 爆香姜丝，放入腌好的鸡肉过油；锅中加适量清水烧开，下入小米熬煮。③ 慢火将粥熬出香味，再下入母鸡肉煲至熟，加盐调味，撒上葱花。

鸡蛋萝卜小米粥

- **材料** 小米100克，鸡蛋1个，胡萝卜20克
- **调料** 盐3克，香油、胡椒粉、葱花少许

做法

① 小米洗净；胡萝卜洗净后切丁；鸡蛋煮熟后切碎。② 锅置火上，注入清水，放入小米、胡萝卜煮至八成熟。③ 下鸡蛋煮至米粒开花，加盐、香油、胡椒粉调味，撒葱花便可。

阿胶枸杞小米粥

- **材料** 阿胶适量，枸杞子10克，小米100克
- **调料** 盐2克

做法

① 小米泡发洗净；阿胶打碎，置于锅中烊化待用；枸杞子洗净。② 锅置火上，加入适量清水，放入小米，以大火煮开，再倒入枸杞子和已经烊化的阿胶。③ 不停地搅动，以小火煮至粥呈浓稠状，调入盐拌匀即可。

红薯

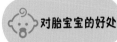 **对胎宝宝的好处**
红薯中赖氨酸和精氨酸含量都较高，对胎宝宝的发育和抗病力都有良好作用。

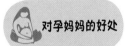 **对孕妈妈的好处**
①红薯是具有高营养价值的纯天然植物，含有大量膳食纤维，在肠道内无法被消化吸收，能刺激肠道，增强肠道蠕动，通便排毒。
②孕妇吃红薯不仅可以预防便秘，还可以缓解便秘。

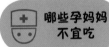 **哪些孕妈妈不宜吃**
糖尿病孕妇忌食红薯。

 相宜搭配
✅红薯+猪小排 ▶增加营养素的吸收
✅红薯+莲子 ▶适合习惯性便秘和慢性肝炎患者
✅红薯+糙米 ▶减肥　　✅红薯+芹菜 ▶降血压

 禁忌搭配
✖红薯+鸡蛋 ▶不消化，易腹痛

农家红薯饭

● **材料** 米饭300克，红薯200克
● **调料** 枸杞子少许

做法

①红薯去皮，洗净，切菱形块；枸杞子用温开水泡发，取出备用。②将红薯放入烤箱烤熟，取出。③将米饭放入碗中，放入红薯，入微波炉加热，撒上枸杞子即可。

好孕吃法 拔丝红薯

- ●材料　红薯400克，淀粉50克，鸡蛋1个，芝麻10克
- ●调料　白糖100克，巧克力粉5克

做法

①红薯洗净去皮，切块；淀粉、鸡蛋搅拌成糊，加入红薯拌匀。②锅中放油，将红薯炸熟取出。③锅中加白糖，下少许水，熬成糊状拉成丝时，放入红薯翻炒，加入芝麻出锅，撒上巧克力粉即可。

好孕吃法 红薯粥

- ●材料　红薯30克，豌豆少许，大米90克
- ●调料　白糖6克

做法

①大米洗净，泡发；红薯去皮洗净，切小块；豌豆洗净。②锅置火上，注入清水后，放入大米，用大火煮至米粒绽开。③放入红薯、豌豆，改用小火煮至粥成，调入白糖入味即可。

好孕吃法 清炒红薯丝

- ●材料　红薯200克
- ●调料　盐3克，鸡精2克，葱3克

做法

①红薯去皮洗净，切丝备用；葱择洗干净，切成葱花。②锅下油烧热，放入红薯丝炒至八成熟，加盐、鸡精炒匀，待熟装盘，撒上葱花即可。

肉类、蛋类 ▶

猪肝

 对胎宝宝的好处　孕妇经常食用动物的肝脏不仅可以补血，而且还可以使胎儿的眼睛发育良好。

 对孕妈妈的好处　猪肝含有较多的维生素A、铁、锌等，适合孕期食用。尤其是孕妇患营养缺乏性贫血时，每周可以食用两次左右。

 哪些孕妈妈不宜吃　①患有高血压、肥胖症、冠心病及高血脂的孕妇忌食猪肝。②怀孕前3个月少吃。

 相宜搭配
- ◇ 猪肝+松子　▶ 促进营养物质的吸收
- ◇ 猪肝+苦菜　▶ 清热解毒，补肝明目
- ◇ 猪肝+榛子　▶ 有利于钙的吸收　◇ 猪肝+菠菜　▶ 改善贫血

 禁忌搭配
- ✕ 猪肝+鲫鱼　▶ 影响消化
- ✕ 猪肝+鱼肉　▶ 易引起消化不良
- ✕ 猪肝+豆芽　▶ 破坏维生素C，降低营养价值

好孕吃法 菠菜炒猪肝

- ● **材料**　猪肝、菠菜各300克
- ● **调料**　盐、白糖、淀粉、料酒各适量

做法

①猪肝洗净切片，加料酒腌渍；菠菜洗净切段。②油烧热，放入猪肝，以大火炒至猪肝片变色，盛起；锅中继续加热，放入菠菜略炒一下，加入猪肝、盐、白糖炒匀，加淀粉勾芡即可。

肝尖苦瓜鸡片汤

- **材料** 鸡脯肉200克，猪肝尖150克，苦瓜70克
- **调料** 盐适量，味精2克，酱油少许，葱丝、姜丝各3克

做法

① 将鸡肉、猪肝尖、苦瓜分别洗净切片。

② 将葱、姜炒香，下入鸡片、猪肝熘炒至熟，下入苦瓜，倒入水，调入盐、味精、酱油煲至入味。

菊香肝片

- **材料** 猪肝1个，鲜黄菊1朵，枸杞子10克
- **调料** 面粉30克，盐4克

做法

① 猪肝洗净，氽烫后捞起；菊花剥取花瓣，冲净，沥干；枸杞子以清水泡软后捞起。② 将猪肝、菊花、枸杞子盛入碗中，加面粉、盐及适量水拌匀。③ 锅里油热后，将备好的材料下锅，以中火炸至酥黄，捞起沥油即可。

西红柿猪肝汤

- **材料** 西红柿150克，猪肝200克
- **调料** 盐、味精、绍酒、姜末、白糖、胡椒粉、老汤各适量

做法

① 猪肝洗净切片，用绍酒、姜末、盐腌渍；西红柿洗净，去皮，切块，加白糖腌渍。② 起油锅，煸炒西红柿，添加老汤，煮滚。③ 放入猪肝，使猪肝煮滚起锅，撒上胡椒粉、味精即可。

猪血

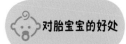 **对胎宝宝的好处**　猪血是一种良好的动物蛋白资源，它的蛋白质含量比猪肉和鸡蛋都高，可以促进胎宝宝健康发育。

 **对孕妈妈的好处**　猪血中含铁量较高，而且以血红素铁的形式存在，容易被人体吸收利用。孕妇或哺乳期妇女多吃些有动物血的菜肴，可以防治缺铁性贫血。

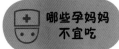 **哪些孕妈妈不宜吃**
①胃下垂、痢疾、腹泻的孕妇患者忌食猪血。
②做大便常规检测前3天忌食猪血。
③患有高胆固醇血症、肝病、高血压和冠心病孕妇患者少食。

 相宜搭配
◯猪血+葱　▶生血止血
◯猪血+菠菜　▶润肠通便
◯猪血+韭菜　▶清肺健胃

 禁忌搭配
⊗猪血+海带　▶引起便秘
⊗猪血+大豆　▶导致消化不良
⊗猪血+何首乌　▶不利于有效成分的吸收

好孕吃法 酸菜猪血肉汤

●**材料** 猪血150克，酸菜75克，猪肉45克

●**调料** 盐4克，鸡精2克，葱丝、姜丝、蒜末各1克

做法

①猪血洗净切块；酸菜洗净切段；猪肉洗净切丝。②将葱、姜、蒜炝香，下入猪肉煸炒，倒入水，下入猪血、酸菜，调入盐、鸡精，小火煲至熟。

好孕吃法 韭菜花炖猪血

- **材料** 韭菜花100克，猪血150克
- **调料** 姜片适量，红椒1个，蒜片10克，
  辣椒酱30克，豆瓣酱20克，盐4克，
  上汤200克

做法

①猪血洗净切块；韭菜花洗净切段；红椒洗净切块。②猪血焯烫。③爆香蒜、姜、红椒，加入猪血、上汤及辣椒酱、豆瓣酱、盐煮入味，再加入韭菜花。

好孕吃法 猪血黄鱼粥

- **材料** 大米80克，黄鱼50克，猪血20克
- **调料** 盐3克，味精2克，料酒、姜丝、香菜末各适量

做法

①大米淘洗干净；黄鱼收拾干净切小块，用料酒腌渍；猪血洗净切块，放入沸水中稍烫。②锅置火上，放入大米，加适量清水煮至五成熟，放入黄鱼、猪血、姜丝煮至粥将成，加盐、味精调匀，撒上香菜末。

好孕吃法 猪血腐竹粥

- **材料** 猪血100克，腐竹30克，干贝10克，大米120克
- **调料** 盐3克，葱花8克

做法

①腐竹、干贝温水泡发；腐竹泡好切条；干贝撕碎；猪血洗净，切块；大米淘净。②锅中注水，放入大米煮沸，下入干贝，再中火熬煮至米粒开花。③放入猪血、腐竹，待粥熬至浓稠，加盐调味，撒上葱花。

鸡肉

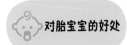 **对胎宝宝的好处**

鸡肉是磷、铁、铜与锌的良好来源，并且富含维生素B_{12}、维生素B_6、维生素A、维生素D、维生素K等，可以提高胎宝宝的免疫力，促进其生长发育。

 **对孕妈妈的好处**

鸡肉含有维生素C、维生素E等，蛋白质的含量较高，种类较多，而且消化率高，很容易被吸收利用，可以增强孕妈妈体力，强壮身体。

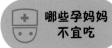 **哪些孕妈妈不宜吃**

患有感冒发热、胆囊炎、胆石症、肥胖症、热毒疖肿、高血压、高血脂、尿毒症、严重皮肤疾病的孕妇忌食。

 相宜搭配

- ⊘ 鸡肉+豌豆 ▶ 利于蛋白质的吸收
- ⊘ 鸡肉+板栗 ▶ 利于营养物质的吸收
- ⊘ 鸡肉+竹笋 ▶ 暖胃益气　⊘ 鸡肉+金针菇 ▶ 增强记忆力

 禁忌搭配

- ⊗ 鸡肉+狗肾 ▶ 易引起腹痛、腹泻
- ⊗ 鸡肉+芥菜 ▶ 助火热，对身体健康无益
- ⊗ 鸡肉+大蒜 ▶ 引起消化不良　⊗ 鸡肉+兔肉 ▶ 引起腹泻

 # 白切大靓鸡

- ● **材料** 公鸡1只
- ● **调料** 姜片15克，葱段10克，盐6克，味精3克

做法

① 鸡收拾干净；锅上火，注入适量清水烧开，放入姜片、葱段和鸡煮熟。

② 取出鸡放凉，切件，调入盐、味精拌匀即可。

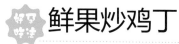 鲜果炒鸡丁

◉ **材料** 鸡脯肉350克，木瓜丁、苹果丁、火龙果、哈密瓜丁各100克

◉ **调料** 水淀粉、盐、蛋清、葱末、料酒各适量

做法

①火龙果挖出果肉，切丁。②鸡脯肉洗净切丁，加盐和料酒腌渍入味，再加蛋清和水淀粉上浆，用热油将鸡丁滑熟倒出。③葱末爆香，加鸡丁和水果丁，放盐炒匀，装盘即可。

山药炖鸡汤

◉ **材料** 胡萝卜1根，鸡腿1只，山药250克

◉ **调料** 盐4克

做法

①山药削皮，洗净，切块；胡萝卜洗净，削皮，切块；鸡腿剁块，放入沸水中氽烫，捞出冲净。②鸡腿、胡萝卜先下锅，加水至盖过材料，以大火煮开后转小火慢炖15分钟。③加入山药，转大火煮沸后转小火续煮至熟，加盐调味即可。

冬瓜鲜鸡汤

◉ **材料** 鸡肉200克，冬瓜100克，红枣、枸杞子各15克

◉ **调料** 盐4克

做法

①鸡肉洗净，氽水；冬瓜洗净，切块；红枣、枸杞子洗净，浸泡。②将鸡肉、冬瓜、红枣、枸杞子放入锅中，加适量清水以小火慢炖。③2小时后关火，加入盐即可食用。

鸭肉

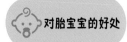 对胎宝宝的好处

鸭肉里含有丰富的蛋白质和氨基酸，可以促进胎儿健康发育，提高免疫力。

 对孕妈妈的好处

鸭肉含有维生素E、B族维生素、烟酸、不饱和脂肪酸以及铁、铜、锌等矿物质。鸭肉可以辅助治疗孕妈妈虚弱、食少、大便干燥和水肿等症。

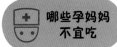 哪些孕妈妈不宜吃

阳虚脾弱、外感未清、便泻肠风的孕妇患者不宜食用。

 相宜搭配

◇鸭肉+地黄 ▶提供丰富营养
◇鸭肉+酸菜、桂花 ▶滋阴养胃，清肺补血，利尿消肿
◇老鸭+沙参 ▶具滋补性　◇鸭肉+山药 ▶滋阴润肺

 禁忌搭配

⊗鸭肉+甲鱼肉 ▶同食会令人阴盛阳虚、水肿泄泻

蒜薹炒鸭片

●材料 鸭肉300克，蒜薹100克，子姜1块
●调料 酱油5克，盐3克

做法

①鸭肉洗净切片；姜洗净，拍扁，加酱油略浸，挤生姜汁，与酱油拌入鸭片。②蒜薹洗净切段，下油锅略炒，加盐炒匀。③姜爆香，倒入鸭片炒散，倒入蒜薹，加盐、水，炒熟。

好孕吃法 鸭子炖黄豆

● **材料** 鸭半只，黄豆200克
● **调料** 姜5克，上汤750克，盐、味精各
　　　　适量

做法

① 将鸭肉洗净，斩块；黄豆洗净，浸泡；姜洗净，切片。② 将鸭块放入锅中汆水，捞出洗净。③ 上汤倒入汤锅中，放入鸭肉、黄豆、姜片，大火烧沸后转小火炖1小时，调入盐、味精即可。

好孕吃法 鸭子煲萝卜

● **材料** 鸭子250克，白萝卜175克，枸杞子
　　　　5克
● **调料** 盐少许，姜片3克

做法

① 鸭肉洗净，斩块汆水；白萝卜洗净，去皮切方块；枸杞子洗净备用。② 净锅上火倒入水，下入鸭子、白萝卜、枸杞子、姜片，调入盐，煲至熟即可。

好孕吃法 老鸭猪蹄煲

● **材料** 老鸭250克，猪蹄1个，红枣4颗
● **调料** 盐少许

做法

① 将老鸭洗净，斩块汆水；猪蹄洗净，斩块汆水；红枣洗净。② 净锅上火倒入水，调入盐，下入老鸭、猪蹄、红枣，煲至熟即可。

牛肉

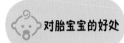 **对胎宝宝的好处**　牛肉富含锌和铁，有益胎儿神经系统的发育，而且对免疫系统也有益，有助于保持皮肤、骨骼和毛发的健康。

 **对孕妈妈的好处**　牛肉有补中益气、滋养脾胃、强健筋骨、化痰熄风、止渴止涎之功效，适宜于气短体虚、筋骨酸软、贫血久病及面黄目眩的孕妈妈食用。

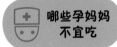 **哪些孕妈妈不宜吃**　内热者忌食，皮肤病、肝病、肾病患者慎食。

 相宜搭配

✓ 牛肉+生姜 ▶ 驱寒、缓解腹痛
✓ 牛肉+香菇 ▶ 易于消化和吸收
✓ 牛肉+南瓜 ▶ 健胃益气　　✓ 牛肉+土豆 ▶ 保护胃黏膜

 禁忌搭配

✗ 牛肉+板栗 ▶ 降低板栗的营养价值
✗ 牛肉+白酒 ▶ 易上火
✗ 牛肉+红糖 ▶ 引起腹胀

好吃法 松子牛肉

● 材料　牛肉400克，松子30克
● 调料　盐、葱段、沙茶、小苏打粉、酱油各适量

做法

①牛肉洗净切片，加盐、小苏打粉、沙茶略腌，入油锅中炸至五成熟。②松子洗净，入油锅炸至香酥，捞出控油。③葱段入锅爆香，加入盐、酱油及牛肉快炒至入味，撒上松子。

好孕吃法 米糕炒牛肉

- **材料** 米糕、玉米粒、牛肉各适量，红椒丁60克
- **调料** 盐、蚝油、蛋清、料酒、淀粉各适量

做法

① 米糕洗净切丁，氽水；玉米粒洗净。② 牛肉洗净切丁，泡去血水，洗净，加料酒、盐、蛋清、淀粉腌渍，过油捞出。③ 另起油锅，下蚝油略炒，将米糕丁、玉米粒、牛肉丁、红椒丁和盐炒熟，勾芡即可起锅。

好孕吃法 白灵菇炒牛肉

- **材料** 白灵菇、西葫芦片各50克，牛肉60克
- **调料** 盐3克，味精1克，淀粉、料酒各15克，酱油10克，红椒5克

做法

① 白灵菇洗净切片，焯水；红椒洗净，切小块；牛肉洗净切片，用淀粉、料酒腌渍。② 白灵菇、西葫芦炒匀盛盘。③ 牛肉炒至七八成熟，加入盐、味精、酱油、红椒调味，再加白灵菇和西葫芦回锅炒匀。

好孕吃法 西红柿牛肉汤

- **材料** 牛肉175克，西红柿1个，胡萝卜20克
- **调料** 高汤适量，盐4克，香菜段3克，香油2克

做法

① 将牛肉洗净，切块氽水；胡萝卜去皮，洗净切块；西红柿洗净，切块备用。② 净锅上火倒入高汤，调入盐，下入牛肉、胡萝卜、西红柿煲至熟，撒入香菜，淋入香油即可。

鸡蛋

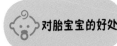 **对胎宝宝的好处**　鸡蛋是常见食物中蛋白质较优的食物之一，每50克鸡蛋就可以供给5.4克优质蛋白。因为它的生物价值较高，所以有益于胎儿的脑发育。

 **对孕妈妈的好处**
①母体储存的优质蛋白有利于提高产后母乳的质量。
②孕妇只需要有计划地每天吃1至2个蛋黄，就能够保持良好的记忆力，因为蛋黄中含有"记忆素"——胆碱。

 **哪些孕妈妈不宜吃**　患有肝炎、高热、腹泻、胆石症、皮肤生疮化脓等的孕妇不宜食用鸡蛋。

 相宜搭配
　✓ 鸡蛋+豆腐　▶促进钙的吸收
　✓ 鸡蛋+紫菜　▶有利于吸收营养
　✓ 鸡蛋+大豆　▶降低胆固醇　✓ 鸡蛋+糯米酒　▶营养更全面

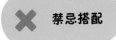 **禁忌搭配**
　✗ 鸡蛋+豆浆　▶降低蛋白质吸收
　✗ 鸡蛋+柿子　▶腹泻，生结石
　✗ 鸡蛋+甲鱼　▶损害健康　✗ 鸡蛋+味精　▶影响味道

好孕吃法　土豆嫩煎蛋

● **材料** 土豆、西蓝花各100克，鸡蛋2个
● **调料** 盐3克

做法

①土豆洗净，去皮切片，撒适量盐在土豆片上抹匀；西蓝花洗净，掰成小朵。
②西蓝花下入烧沸的盐水中焯熟后捞出。③油入锅烧热，将土豆片、鸡蛋分别煎熟后摆盘，最后放上西蓝花即可。

 # 鸡蛋盒

- 材料　鸡蛋3个，火腿、金针菇、胡萝卜各50克
- 调料　盐3克，味精1克，香油少许

做法

① 鸡蛋煮熟去壳，用刀对半切开，去蛋黄；火腿、金针菇、胡萝卜洗净，均切成碎末。② 火腿丁、金针菇、胡萝卜翻炒至熟，加盐、味精调味，放入去掉蛋黄的鸡蛋中，再入蒸锅蒸熟，取出淋上香油。

西红柿蛋花汤

- 材料　西红柿1个，鸡蛋1个
- 调料　盐4克，味精3克

做法

① 将西红柿洗净，切块状。② 鸡蛋打入碗中，均匀搅散。③ 锅中加水烧开后，先加入西红柿，再加入蛋液煮至熟，调入盐、味精即可。

金橘蛋包汤

- 材料　金橘3个，鸡蛋1个
- 调料　姜2片，香油适量

做法

① 金橘洗净剥片状，备用。② 先用香油起锅，将姜片爆香，倒入适量水煮开，放入金橘，再转小火续煮10分钟。③ 打入鸡蛋，待熟即可。

水产 **鲫鱼**

 对胎宝宝的好处　鲫鱼营养丰富，可以提高宝宝免疫力，促进胎宝宝健康发育。

 **对孕妈妈的好处**
①鲫鱼有健脾利湿、和中开胃、活血通络、温中下气之功效，对脾胃虚弱、水肿的孕妈妈有很好的滋补食疗作用。
②鲫鱼肉嫩味鲜，具有较强的滋补作用，特别适合孕妇食用。

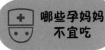 **哪些孕妈妈不宜吃**　孕妇感冒发热期间不宜多吃。

 相宜搭配
◇鲫鱼+花生　▶利于营养吸收
◇鲫鱼+豆腐　▶预防更年期综合征
◇鲫鱼+蘑菇　▶利尿美容　　◇鲫鱼+木耳　▶润肤抗老

 禁忌搭配
⊗鲫鱼+葡萄　▶产生强烈刺激
⊗鲫鱼+猪肝　▶产生强烈刺激
⊗鲫鱼+蜂蜜　▶易中毒

好孕吃法 **鲫鱼玉米粥**

● **材料** 大米80克，鲫鱼、玉米粒各50克
● **调料** 盐3克，葱白丝、葱花、料酒各适量

做法

①大米洗净；鲫鱼收拾干净后切小片，用料酒腌渍；玉米粒洗净。②大米加水煮至五成熟。③放鱼片、玉米粒煮至米粒开花，加盐，放入葱白丝、葱花即可。

银丝鲫鱼锅仔

- **材料** 鲫鱼500克，白萝卜100克
- **调料** 盐2克，生抽12克，红椒、葱段各少许

做法

① 鲫鱼洗净，两面均横切几刀；白萝卜洗净切丝；红椒洗净切丝。② 锅内注油烧热，放鲫鱼煎至变色后，注水焖煮至将熟，加入萝卜丝、红椒丝焖煮。③ 煮至熟后，加入盐、生抽入味，撒上葱段。

砂锅鲫鱼

- **材料** 鲫鱼2条，青、红椒各适量
- **调料** 盐、味精、姜、辣椒面、料酒、高汤各适量

做法

① 青、红椒洗净切小段；姜洗净切末；鲫鱼洗净，用姜、盐、料酒腌渍20分钟。② 鲫鱼煎至金黄色，烹入料酒，放入青椒、红椒，加盐后注入高汤炖熟。③ 倒入砂锅，煲至鲫鱼入味，加味精、辣椒面调味。

鲫鱼蒸水蛋

- **材料** 鲫鱼2条，鸡蛋4个，红椒少许
- **调料** 盐3克，料酒、葱、香菜各少许

做法

① 葱洗净切花；红椒洗净切小丁；香菜洗净，切段；鲫鱼洗净，用料酒、盐腌渍30分钟。② 鸡蛋磕入碗中，加适量清水、盐搅拌均匀，放入蒸屉，蒸至六成熟时取出。③ 再蒸蛋上放上鲫鱼，撒上红椒，蒸熟后取出，撒上香菜、葱花即可。

鲈鱼

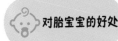 **对胎宝宝的好处**

鲈鱼富含蛋白质、维生素A、B族维生素、钙、镁、锌、硒等营养元素，可以促进胎宝宝智力发育。

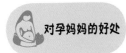 **对孕妈妈的好处**

鲈鱼具有健脾益肾、补气安胎、健身补血等功效，对习惯性流产、胎动不安、妊娠期水肿等有辅助治疗之效。

 **哪些孕妈妈不宜吃**

皮肤病疮肿的孕妇患者忌食。

 相宜搭配

- ⊘ 鲈鱼+姜 ▶ 可补虚养身、健脾开胃
- ⊘ 鲈鱼+人参 ▶ 增强记忆力，促进代谢
- ⊘ 鲈鱼+胡萝卜 ▶ 延缓衰老　⊘ 鲈鱼+南瓜 ▶ 可预防感冒

 禁忌搭配

- ⊗ 鲈鱼+奶酪 ▶ 影响钙的吸收
- ⊗ 鲈鱼+蛤蜊 ▶ 导致铜、铁的流失

好孕吃法 鲈鱼西蓝花粥

- ● **材料** 大米80克，鲈鱼50克，西蓝花20克
- ● **调料** 盐3克，葱花、黄酒、枸杞子各适量

做法

①大米洗净；鲈鱼收拾干净切块，用黄酒腌渍；西蓝花洗净，掰成块。②大米煮至五成熟。③放鱼块、西蓝花、枸杞子煮至米粒开花，加盐，撒葱花。

好孕吃法 清蒸鲈鱼

● 材料 鲈鱼1条，香菜段2克，红椒丝5克
● 调料 盐、料酒、葱丝、姜丝、酱油、辣椒面各适量

做法

①鲈鱼洗净，剖开，在两面斜切出花刀，抹上盐、料酒腌渍。②将鲈鱼放入盘中，入锅蒸15分钟，蒸好后将汤汁倒掉。③油锅烧热，下酱油、葱丝、姜丝炒香，加入辣椒面调匀，淋在鱼身上，撒上香菜、红椒丝即可。

好孕吃法 豆腐鲈鱼

● 材料 鲈鱼600克，豆腐、熟芝麻各适量
● 调料 盐4克，酱油8克，蒜25克，葱白段、香菜段、黄酒各10克，干椒块适量

做法

①鲈鱼洗净、切块；豆腐浸泡，切块；蒜去皮，洗净。②油锅烧热，爆香蒜、干椒块，放入鱼、盐、黄酒、酱油，加水煮开，放入豆腐、葱白段炒熟，撒上香菜段、熟芝麻。

好孕吃法 西汁鲈鱼

● 材料 鲈鱼1条
● 调料 盐3克，味精2克，料酒、番茄酱、辣椒面各适量

做法

①鲈鱼去内脏，洗净，由腹部开边，用盐、料酒、辣椒面腌渍。②油锅烧热，放入鲈鱼煎至两面呈金黄色，捞出沥油。③锅中加入适量清水烧开，放入番茄酱、味精焖煮焖煮10分钟，再下入鱼煮熟。

武昌鱼

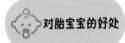
对胎宝宝的好处
武昌鱼中含有大量的磷和烟酸，可以起到补脑作用，能促进胎宝宝智力发育。

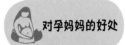
对孕妈妈的好处
武昌鱼含有丰富的优质蛋白质、不饱和脂肪酸、维生素D等物质，营养价值很高，是孕妇理想的进补菜肴。

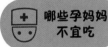
哪些孕妈妈不宜吃
凡患有慢性痢疾之人，尤其是孕妇患者忌食。

相宜搭配
☑武昌鱼+香菇　▶促进钙的吸收

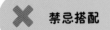
禁忌搭配
☒武昌鱼+生菜　▶易中毒
☒武昌鱼+红糖　▶引起身体不适

清蒸武昌鱼

● **材料** 武昌鱼500克
● **调料** 盐、生抽、香油各少许，姜丝、葱丝、甜红椒丝各10克

做法

①武昌鱼处理干净。②武昌鱼抹上盐腌渍约5分钟。③将鱼放入蒸锅，撒上姜丝，蒸至熟后取出，撒上葱丝、甜红椒丝，淋上香油，用生抽、香油调成的味汁小碟佐食。

福寿鱼

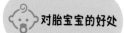 对胎宝宝的好处　福寿鱼营养丰富，含有大量优质蛋白，同时矿物质的含量也很高，有助于胎宝宝身体发育。

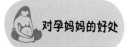 对孕妈妈的好处　福寿鱼中含有大量不饱和脂肪酸和丰富的氨基酸、蛋白质，有助于孕妈妈补充营养，利于孕妈妈食用。

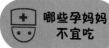 哪些孕妈妈不宜吃　营养丰富，皆食无忌。

 相宜搭配
- ⊘ 福寿鱼+豆腐　▶帮助补钙
- ⊘ 福寿鱼+西红柿　▶可以增强营养

 禁忌搭配
- ⊗ 福寿鱼+鸡肉　▶降低营养价值
- ⊗ 福寿鱼+干枣　▶引起腰腹作痛

好吃吃法 清蒸福寿鱼

- ●材料　福寿鱼1条（约500克）
- ●调料　盐2克，姜片5克，葱15克，生抽10克，香油5克

做法

①将福寿鱼清洗干净，在背上划花刀；葱洗净，葱白切段，葱叶切丝。
②将鱼装入盘内，加入姜片、葱白段、盐，放入锅中蒸熟。③取出蒸熟的鱼，淋上生抽、香油，撒上葱丝。

银鱼

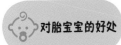**对胎宝宝的好处**　银鱼中含有大量对人体有用的维生素，蛋白质含量也很丰富，能养胃健脾、健脑醒目，增强胎宝宝的免疫力。

**对孕妈妈的好处**　银鱼性平，味甘，含蛋白质、脂肪、糖类、钙、磷、铁及维生素等营养元素，孕妇食用能补脾润肺。

**哪些孕妈妈不宜吃**　患有皮肤病的孕妈妈忌食。

相宜搭配
◇银鱼+蕨菜 ▶减肥，补虚，健胃
◇银鱼+冬瓜 ▶清热利尿

✖ 禁忌搭配
⊗银鱼+甘草 ▶对身体不利

银鱼煎蛋

● **材料** 银鱼150克，鸡蛋4个
● **调料** 盐3克，陈醋、味精各少许

做法

①将银鱼用清水漂洗干净，沥干水分备用。②取碗将鸡蛋打散，放入备好的银鱼，调入盐、味精，用筷子搅拌均匀。③锅置火上，放入少许油烧至五成热，放银鱼鸡蛋煎至两面金黄，烹入陈醋即可。

黄鱼

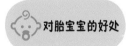 **对胎宝宝的好处**

黄鱼富含蛋白质、微量元素和维生素，有利于神经系统发育，能够有效地为胎宝宝补充营养，提高免疫力。

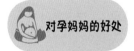 **对孕妈妈的好处**

黄鱼营养丰富，新鲜的鱼肉中蛋白质以及钙、磷、铁、碘等无机盐含量都很高，而且鱼肉组织柔软，易于消化吸收。鱼肉不仅可以预防心血管病，而且能为孕妈妈补充营养。

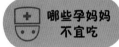 **哪些孕妈妈不宜吃**

患有哮喘或者严重过敏症的孕妈妈不宜过多食用黄鱼。

 相宜搭配

- ⬢ 黄鱼+苹果 ▶ 有助于营养的全面补充
- ⬢ 黄鱼+乌梅 ▶ 对大肠癌有疗效
- ⬢ 黄鱼+竹笋 ▶ 口感好且营养丰富

 禁忌搭配

- ⊗ 黄鱼+荞麦面 ▶ 易引起消化不良
- ⊗ 黄鱼+牛油、羊油 ▶ 加重肠胃负担
- ⊗ 黄鱼+洋葱 ▶ 降低蛋白质的吸收

好孕吃法 清汤黄鱼

- ● 材料 黄鱼1条
- ● 调料 盐4克，葱段、姜片各2克

做法

①将黄鱼宰杀处理干净，备用。②净锅上火倒入水，放入葱段、姜片，再下入黄鱼煲至熟，调入盐即可。

青鱼

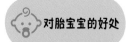 **对胎宝宝的好处**

大脑最需补充的营养是一种特殊的脂肪——多元不饱和脂肪酸。它是制造大脑细胞的必需品，在青鱼中含量丰富，可以促进胎宝宝智力发育。

 **对孕妈妈的好处**

青鱼富含锌元素和硒元素，能帮助维护细胞的正常复制，强化孕妈妈的免疫功能。

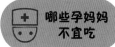 **哪些孕妈妈不宜吃**

脾胃蕴热者不宜食用；瘙痒性皮肤病、内热、荨麻疹等疾病的孕妇患者应忌食。

 相宜搭配

☑ 青鱼+银耳　▶可滋补身体
☑ 青鱼+苹果　▶可辅助治疗腹泻
☑ 青鱼+韭菜　▶治疗脚气

 禁忌搭配

⊗ 青鱼+李子　　▶引起身体不适
⊗ 青鱼+西红柿　▶不利营养成分的吸收

美味鱼丸

●**材料** 青鱼1条，鸡蛋4个，姜15克，葱白10克
●**调料** 盐4克，鸡精3克，胡椒粉2克

做法

①青鱼收拾干净，取鱼肉；姜洗净切片。②将鱼肉放入搅拌机中，加入鸡蛋清、生姜、葱白，搅打成蓉；再将鱼蓉放入盆中，加入所有调味料后搅打。④将鱼蓉挤成丸子，放开水中煮熟即可。

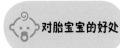 **对胎宝宝的好处**　十贝含有丰富的营养元素，可以促进胎宝宝身体的健康发育。

 **对孕妈妈的好处**　干贝含有蛋白质、脂肪、碳水化合物、维生素A、钙、钾、铁、镁、硒等营养元素，还含有丰富的谷氨酸钠，味道极鲜，可以帮助孕妈妈补充营养。

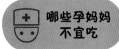 **哪些孕妈妈不宜吃**　对干贝过敏的孕妈妈不宜食用。

 相宜搭配
- ◇干贝+海带　▶清热滋阴，降糖降压
- ◇干贝+瓠瓜　▶滋阴润燥
- ◇干贝+瘦肉　▶滋阴补肾

 禁忌搭配
- ⊗干贝+香肠　▶生成有害物质

干贝蒸水蛋

- ●材料　鲜鸡蛋3个，湿干贝、葱花各10克
- ●调料　盐2克，白糖1克，淀粉5克，香油适量

做法

①鸡蛋在碗里打散，加入湿干贝和盐、白糖、淀粉搅匀。②将鸡蛋放在锅里隔水蒸12分钟，至蛋液凝结。③将蒸好的鸡蛋撒上葱花，淋上香油。

虾

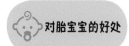

孕妇们在怀孕期间可以适量多吃些虾，因为虾可以补充孕妇身体中所需的钙、锌等微量元素，不但能促进胎宝宝骨骼的生长，还能促进其脑部的发育。

除了补充营养外，虾中含的牛磺酸还能够降低人体血压和胆固醇含量，对预防准妈妈孕期高血压有一定功效。

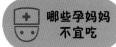

患高脂血症、动脉硬化、皮肤疥癣、急性炎症和面部痤疮及过敏性鼻炎、支气管哮喘等病症的孕妇不宜多食。

 相宜搭配

- ⊘ 虾+燕麦　▶有利于牛磺酸的合成
- ⊘ 虾+韭菜花　▶治夜盲、干眼、便秘
- ⊘ 虾+白菜　▶增强机体免疫力　⊘ 虾+葱　▶益气，下乳

 禁忌搭配

- ⊗ 虾+西红柿　▶生成有毒物质
- ⊗ 虾+西瓜　▶容易造成人体免疫力下降
- ⊗ 虾+猪肉　▶耗人阴精

滑蛋炒虾仁

● **材料**　虾仁200克，鸡蛋3个
● **调料**　葱10克，盐3克

做法

① 将虾仁洗净；鸡蛋去壳打散备用；把葱洗净，切花。② 油锅烧热，入鸡蛋液炒至八成熟时，盛入碗中备用。③ 锅留少许油，入虾仁滑炒，快熟时，放入炒过的鸡蛋，加盐炒匀装盘，撒上葱花即可。

好孕吃法 熘虾段

- **材料** 虾仁300克，黄瓜、胡萝卜各50克
- **调料** 盐3克，酱油5克，水淀粉适量

做法

① 虾仁洗净，用水淀粉裹匀，下油锅炸至金黄色；黄瓜、胡萝卜洗净，切成半月形片状。② 另起油锅，放入虾仁、黄瓜、胡萝卜翻炒。③ 调入盐、酱油，加入适量清水，烧至汁水将干时，勾芡即可出锅。

好孕吃法 油焖虾

- **材料** 虾4只
- **调料** 盐3克，香油、番茄酱、姜末、味精、葱花各适量

做法

① 将虾洗净，加姜末和葱花腌10分钟左右。② 锅加油烧热，入葱花、姜末爆香，加香油、番茄酱、味精、盐以及腌好的虾，炒匀，用旺火焖5分钟即可。

好孕吃法 生菜虾粥

- **材料** 大米100克，野生北极虾30克，生菜叶10克
- **调料** 盐3克，味精2克，香油、胡椒粉各适量

做法

① 大米用清水浸泡；将生菜叶洗净切丝；将野生北极虾收拾干净。② 大米煮至五成熟。③ 放入野生北极虾煮至粥将成，放入生菜稍煮，加盐、味精、香油、胡椒粉调

虾皮

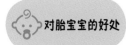 **对胎宝宝的好处**　虾皮可以补充孕妇身体中的钙、锌等微量元素，不仅能促进胎宝宝骨骼的生长，还能促进其脑部的发育。

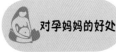 **对孕妈妈的好处**　虾皮富含钙质，经常食用对于孕妈妈预防缺钙很有帮助。

 哪些孕妈妈不宜吃　对虾皮过敏的孕妈妈禁食。

 相宜搭配

☑️虾皮+豆苗 ▶增强体质，促进食欲
☑️虾皮+西蓝花 ▶补脾和胃，补肾固精
☑️虾皮+枸杞子 ▶补肾壮阳

 禁忌搭配

⊗虾皮+南瓜 ▶引发痢疾
⊗虾皮+黄豆 ▶影响钙的消化吸收
⊗虾皮+百合 ▶降低营养

好孕吃法 虾皮油菜

● **材料** 嫩油菜200克，虾皮50克
● **调料** 盐、葱花、高汤、香油各少许

做法

①油菜洗净，根部削成锥形后划出"十"字形；虾皮洗净，用温水泡软待用。②净锅上火，加水烧热后放入油菜，变色后捞出；锅中留少许油，放入葱花煸出香味。③加入高汤、虾皮、盐、油菜，盖上锅盖焖2~3分钟，淋入香油。

蛤蜊

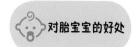 **对胎宝宝的好处**

蛤蜊肉质鲜美，营养丰富，具有丰富的蛋白质及微量元素，脂肪少，可以促进胎宝宝健康发育。

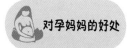 **对孕妈妈的好处**

蛤蜊有滋阴、软坚、化痰的作用，可滋阴润燥，能用于五脏阴虚消渴、纳汗，对于孕期妈妈的失眠有调理和缓解的作用。

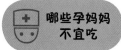 **哪些孕妈妈不宜吃**

蛤蜊性寒，脾胃虚寒的孕妈妈应少食或禁食。

 **相宜搭配**

◇蛤蜊+豆腐 ▶可补气养血、美容养颜
◇蛤蜊+绿豆芽 ▶清热解暑，利水消肿
◇蛤蜊+韭菜 ▶补肾降糖　◇蛤蜊+槐花 ▶治鼻出血、牙龈出血

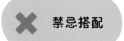 **禁忌搭配**

⊗蛤蜊+高粱米 ▶破坏维生素B_1
⊗蛤蜊+马蹄 ▶降低营养价值
⊗蛤蜊+田螺 ▶引起麻痹性中毒

好孕吃法 蛤蜊拌菠菜

● **材料** 菠菜400克，蛤蜊200克
● **调料** 料酒15克，盐4克，鸡精1克

做法

①将菠菜清洗干净，切成长度相等的段，焯水，沥干装盘待用。②将蛤蜊处理干净，加盐和料酒腌渍，入油锅中翻炒至熟，加盐和鸡精调味，起锅倒在菠菜上即可。

海带

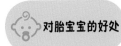**对胎宝宝的好处**　海带富含碘，有助于甲状腺素合成，可以促进胎儿的大脑发育。缺碘的胎儿出生后主要表现为智力明显低下、个子矮小等。

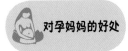**对孕妈妈的好处**
①海带富含膳食纤维，可促进排便，缓解孕妈妈的便秘症状。
②海带富含钙，可以预防孕妈妈腿抽筋及骨质疏松、腰腿痛。
③海带中含有膳食纤维及钾盐、钙元素，可预防妊娠高血压。

哪些孕妈妈不宜吃　脾胃虚寒的孕妈妈忌食。

相宜搭配
⊘海带+冬瓜　▶益气，利尿，降脂
⊘海带+排骨　▶祛湿止痒
⊘海带+木耳　▶降压通便

禁忌搭配
⊗海带+柿子　▶肠胃不适　⊗海带+白酒　▶消化不良
⊗海带+猪血　▶引起便秘
⊗海带+葡萄　▶减少钙的吸收

卤海带

● **材料**　海带300克，葱段15克
● **调料**　香油8克，八角4粒，糖40克，酱油10克

做法

①海带放入滚水中焯烫，用牙签串起来。②锅中放入八角、糖、酱油、水，加入海带及葱段，大火煮开，转小火煮至海带熟烂，捞出，排入盘中，淋上适量卤汁及香油即可。

好孕吃法 牛肉海带莲藕汤

●材料　牛肉250克，海带结75克，莲藕50克
●调料　盐4克，酱油、葱末、姜末、胡椒
　　　　粉各3克

做法

①将牛肉洗净，切块；将海带结洗净；莲藕去皮，洗净，切块备用。②煲锅上火倒入水，调入盐、酱油、葱、姜，下入牛肉、海带结、莲藕，煲至熟，调入胡椒粉搅匀即可。

好孕吃法 海带黄豆汤

●材料　海带结100克，黄豆20克
●调料　盐、姜片各3克

做法

①将海带结洗净；将黄豆洗净，用温水浸泡至回软备用。②净锅上火倒入水，调入盐、姜片，下入黄豆、海带结，煲至熟即可食用。

好孕吃法 海带枸杞鸭肉粥

●材料　鸭肉200克，海带100克，大米80克
●调料　盐3克，味精2克，枸杞子30克，葱
　　　　花适量

做法

①将海带洗净，切丝；大米泡好；把枸杞子洗净；将鸭肉洗净切块，入油锅中爆炒后盛出。②大米入锅，放入水，煮沸，下入海带丝、枸杞子，转中火熬煮。③鸭肉倒入锅中，煲好粥，调入盐、味精调味，撒上葱花。

紫菜

 对胎宝宝的好处
紫菜富含钙、碘、铁和锌等矿物质元素，可以促进胎宝宝的全面健康发育。

 对孕妈妈的好处
①紫菜含有12种维生素，有活跃脑神经、预防记忆力减退、改善孕妈妈忧郁症之功效。
②孕妈妈食用紫菜还可预防缺铁性贫血。

 哪些孕妈妈不宜吃
脾胃虚寒的孕妈妈忌食。

 相宜搭配
◇紫菜+萝卜 ▶化痰止咳，顺气消食
◇紫菜+鸡蛋 ▶补心食疗
◇紫菜+榨菜 ▶清心开胃　◇紫菜+决明子 ▶治高血压

 禁忌搭配
⊗紫菜+柿子 ▶不利于消化
⊗紫菜+花菜 ▶影响钙的吸收

紫菜皮包饭

●**材料** 紫菜皮2张，米饭250克，牛肉、黄瓜、熟芝麻各少许

●**调料** 盐少许

做法

①将紫菜皮剪成两片，铺平；将牛肉、黄瓜分别洗净切丁。②牛肉炒熟，放入黄瓜、胡萝卜、米饭，加盐翻炒。③将紫菜皮上放上炒好的米饭包成卷，稍压实，切成片状，撒上熟芝麻即可。

好孕吃法 紫菜蛋花汤

● 材料　紫菜250克，鸡蛋2个，姜5克，葱2克
● 调料　盐4克，味精3克

做法

① 将紫菜用清水泡发后，捞出洗净；葱洗净，切花；姜洗净，去皮，切末。② 锅上火，加入水煮沸后，下入紫菜。③ 待水再沸时，打入鸡蛋，至鸡蛋成形后，下入姜末、葱花，调入调盐、味精即可。

好孕吃法 蛋花西红柿紫菜汤

● 材料　紫菜100克，西红柿50克，鸡蛋50克
● 调料　盐3克

做法

① 紫菜泡发，洗净；西红柿洗净，切块；鸡蛋打散。② 锅置于火上，加入油，注水烧至沸时，放入紫菜、鸡蛋、西红柿。③ 再煮至沸时，加盐调味即可。

好孕吃法 紫菜饼

● 材料　奶油、鲜奶、低筋面粉、紫菜各适量
● 调料　食盐2克

做法

① 把奶油、食盐拌匀。② 分数次加入鲜奶拌匀。③ 加入低筋面粉、紫菜碎拌匀。④ 搓成面团。⑤ 擀成面片，分切成长方形饼坯。⑥ 排入垫有高温布的钢丝网上。⑦ 入炉温烘烤。⑧ 烤约20分钟，冷却即可。

豆类、奶制品 ▶

黄豆

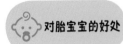

对胎宝宝的好处

黄豆中含有丰富的维生素A、B族维生素、维生素E和多种人体不能合成但又必需的氨基酸，有助于胎宝宝智力发展。

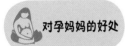

对孕妈妈的好处

黄豆含有丰富的维生素、氨基酸和蛋白质。其中，维生素E和蛋白质能够破坏自由基的化学活性，起到抑制孕妈妈皮肤衰老、增加皮肤弹性、防止色素沉淀的作用。

哪些孕妈妈不宜吃

消化功能不良、胃脘胀痛、腹胀等有慢性消化道疾病的孕妈妈应尽量少食。

相宜搭配

- ☑ 黄豆+牛蹄筋　▶预防颈椎病，美容
- ☑ 黄豆+胡萝卜　▶有助骨骼发育
- ☑ 黄豆+白菜　▶防止乳腺癌　☑ 黄豆+茄子　▶润燥消肿

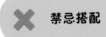

禁忌搭配

- ✕ 黄豆+酸奶　▶影响钙的消化吸收
- ✕ 黄豆+虾皮　▶影响钙的消化吸收
- ✕ 黄豆+核桃　▶导致腹胀、消化不良

好孕吃法 山药山楂黄豆粥

● **材料** 大米90，山药30克，黄豆、山楂、豌豆各适量

● **调料** 盐2克

做法

①山药洗净，去皮切块；大米洗净；黄豆、豌豆洗净；山楂洗净切丝。②锅内注水，放入大米，用大火煮至米粒开花，放入山药、黄豆、山楂、豌豆。③改用小火，煮至粥成，调入盐。

好孕吃法 猪肝黄豆粥

- **材料** 黄豆、猪肝各100克，大米80克
- **调料** 姜丝、盐、鸡精各适量

做法

①将黄豆拣去杂质，淘净，浸泡1小时；把猪肝洗净，切片；将大米淘净，浸泡发透。②锅中注入适量清水，下入大米、黄豆，开旺火煮至米粒开花。③下入猪肝、姜丝，熬煮成粥，加鸡精、盐调味即可。

好孕吃法 牛肉黄豆大米粥

- **材料** 牛肉100克，黄豆50克，大米80克
- **调料** 姜末3克，葱花2克，盐3克，鸡精2克，生抽适量

做法

①黄豆淘净，浸泡1小时；大米淘净，泡好；牛肉洗净，切片，用生抽腌渍。②大米、黄豆入锅，加适量清水，旺火烧沸，下入牛肉、姜末，转中火熬煮。③待粥熬出香味，加盐、鸡精调味，撒上葱花。

好孕吃法 小米黄豆粥

- **材料** 小米80克，黄豆40克
- **调料** 白糖3克，葱5克

做法

①小米淘洗干净；黄豆洗净，浸泡至外皮发皱后，捞起沥干；葱洗净，切成葱花。②锅置火上，倒入清水，放入小米与黄豆，以大火煮开。③待煮至浓稠状，撒上葱花，调入白糖拌匀即可。

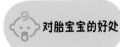 **对胎宝宝的好处**

红豆的主要成分有蛋白质、脂肪、碳水化合物、粗纤维以及矿物元素钙、磷、铁、铝、铜等，并含有维生素A、B族维生素、维生素C等营养成分，可以促进胎宝宝健康发育。

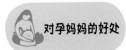 **对孕妈妈的好处**

①红豆有利尿、消除水肿、强心、解毒的功效。孕妇喝红豆汤，对孕期水肿、维护心脏健康、排出毒素是很有好处的。
②红豆还能增进食欲，促进胃肠消化、吸收。

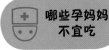 **哪些孕妈妈不宜吃**

尿多之人，尤其是孕妇患者不宜食用。

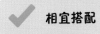 **相宜搭配**

- ☑ 红豆+桑白皮　▶ 健脾利湿，利尿消肿
- ☑ 红豆+白茅根　▶ 增强利尿作用
- ☑ 红豆+粳米　▶ 益脾胃，通乳汁

 **禁忌搭配**

- ✖ 红豆+羊肚　▶ 可致水肿、腹痛、腹泻
- ✖ 红豆+盐　▶ 使药效减半

红豆糕

- ●**材料** 红豆、面粉各50克，葡萄干20克，薏米、糙米各30克
- ●**调料** 红糖10克

做法

① 将红豆、葡萄干、薏米、糙米泡洗干净后，加面粉、红糖和少许水在盆中拌匀。② 将所有拌匀的材料放入沸水锅中蒸约20分钟。③ 将蒸好的食物装入模具内，待冷后倒出切成块。

好孕吃法 红绿二豆浆

● **材料** 红豆、绿豆各40克
● **调料** 白糖适量

做法

① 将红豆、绿豆加水泡至发软，捞出洗净。② 将泡好的红豆、绿豆放入全自动豆浆机中，添水搅打成豆浆，并煮熟，加白糖调味。③ 将煮熟的红绿二豆浆过滤，装杯即可。

好孕吃法 玉米红豆豆浆

● **材料** 黄豆40克，红豆20克，玉米粒30克

做法

① 将黄豆、红豆分别加水浸泡至变软，洗净；将玉米粒洗净。② 将上述材料倒入豆浆机中，添水搅打煮沸成豆浆。滤出豆浆，装杯即可。

好孕吃法 腊八粥

● **材料** 红豆、红枣、绿豆、花生、薏米、糯米、黑米、葡萄干各20克
● **调料** 白糖5克，葱花2克

做法

① 将糯米、黑米、红豆、薏米、绿豆均泡发洗净；将花生、红枣、葡萄干均洗净。② 锅置火上，倒入清水，放入黑米、红豆、薏米、绿豆、糯米煮开。③ 加入花生、红枣、葡萄干煮至浓稠状，调入白糖拌匀，撒葱花。

豆浆

 对胎宝宝的好处   豆浆中充足的蛋白质可以保证胎儿神经细胞的健康发育。

 **对孕妈妈的好处**
①孕产妇常喝豆浆，能够帮助补充钙质和蛋白质。
②孕妇多喝豆浆，还可以美容养颜。

 **哪些孕妈妈不宜吃**   胃寒、腹泻、腹胀、慢性肠炎、夜尿频多的孕妈妈忌食。

 相宜搭配
◯ 豆浆+花生 ▶润肤，补虚
◯ 豆浆+黑芝麻 ▶养颜润肤，乌发养发
◯ 豆浆+枸杞子 ▶滋补肝肾，益精明目，增强免疫力

 禁忌搭配
⊗ 豆浆+红糖 ▶破坏营养成分
⊗ 豆浆+蜂蜜 ▶导致营养物质不能被人体吸收

好孕吃法 白糖核桃豆浆

●**材料** 黄豆60克，核桃仁40克，白糖10克

做法

①把黄豆泡软，洗净；把核桃仁洗净碾碎。②将黄豆、核桃仁、白糖放入豆浆机中，添水搅打成豆浆，烧沸后滤出，待温热时即可食用。

好孕吃法 甘润莲香豆浆

● 材料　黄豆50克，莲子20克
● 调料　冰糖适量

做法

①黄豆加水泡至发软，捞出洗净；莲子加水泡软，去心洗净。②将所有材料放入豆浆机中，加水搅打成豆浆，并煮熟。③过滤，趁热加入冰糖调匀即可。

好孕吃法 红枣米润豆浆

● 材料　黄豆、大米各40克，红枣2颗
● 调料　白糖少许

做法

①黄豆用水泡至发软，捞出；大米淘洗干净；红枣去核洗净，切块。②将上述材料放入全自动豆浆机中，加适量清水搅打成豆浆。③烧沸后滤出豆浆，加入白糖拌匀即可。

好孕吃法 红枣养颜豆浆

● 材料　黄豆70克，去核红枣2颗
● 调料　白糖少许

做法

①黄豆洗净，用清水浸泡4小时，捞出待用；红枣洗净。②将泡好的黄豆、红枣放入豆浆机中，加适量清水搅打成豆浆，并煮沸。③滤出豆浆，加入白糖拌匀即可。

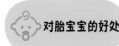 对胎宝宝的好处	牛奶是蛋白质和易吸收钙质（约110毫克/100克）的重要食品来源，对胎儿的骨骼发育有着重要的意义。
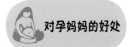 对孕妈妈的好处	①牛奶具有补肺养胃、生津润肠之功效，对孕妈妈具有镇静安神的作用。 ②牛奶能润泽肌肤，经常饮用可使孕妈妈皮肤白皙、光滑。
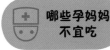 哪些孕妈妈不宜吃	患有急性肾炎、胆囊炎、胰腺炎、溃疡性结肠炎的孕妈妈不宜食用。
相宜搭配	⊘牛奶+木瓜　▶美白护肤，通便 ⊘牛奶+火龙果　▶有解毒功效 ⊘牛奶+草莓　▶养心安神　⊘牛奶+芒果　▶延缓衰老
禁忌搭配	⊗牛奶+酸性果汁　▶影响消化吸收　⊗牛奶+菠萝　▶引起腹泻 ⊗牛奶+巧克力　▶引起腹泻，使头发干枯 ⊗牛奶+韭菜　▶影响人体对钙的吸收

芒果牛奶

●材料　芒果100克，哈密瓜200克，
　　　　牛奶200克

做法

①将芒果洗净，去皮，切成小块。
②将哈密瓜洗净，去皮、籽，切碎。③将所有材料放入榨汁机内，搅打成汁。

好孕 食谱　南瓜柳橙牛奶

- **材料** 南瓜100克，柳橙1/2个，牛奶200克
- **调料** 冰块适量

做法

① 将南瓜洗净，去皮，切块，入锅中蒸熟。② 把柳橙洗净，去皮，切成小块。③ 将南瓜、柳橙、牛奶倒入搅拌机内搅匀、打碎即可。依个人口味，可加冰块调味。

好孕 食谱　哈密瓜鲜奶汁

- **材料** 哈密瓜200克，椰奶40克，鲜奶200克，柠檬半个
- **调料** 冰糖少许

做法

① 将哈密瓜洗净削去皮，去籽，切成大丁；把柠檬洗净，切片。② 将所有材料放入搅拌机内搅打2分钟即可。

好孕 食谱　苹果燕麦牛奶

- **材料** 苹果50克，葡萄干少许，燕麦1大匙，低脂牛奶200克

做法

① 把苹果洗净，去皮，切成小块。② 将葡萄干洗净，与燕麦片、苹果块一起放入搅拌机内。③ 以高速搅打30秒，倒入牛奶即可。

酸奶

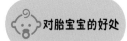 **对胎宝宝的好处**　酸奶可抑制某些细菌的繁殖，增加胎宝宝对疾病的抵抗力，预防感染。

 **对孕妈妈的好处**　对于喜清淡、喜酸味、食欲不强的受孕妇女来说，酸奶最适合妊娠早期食用；孕后期妇女和哺乳母亲需要大量钙质和蛋白质，多食酸奶能够提供充足的营养物质。

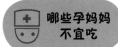 **哪些孕妈妈不宜吃**　胃酸过多的孕妇不宜多吃。

 相宜搭配
- ◇酸奶+苹果　▶开胃消食
- ◇酸奶+桃子　▶增强营养价值
- ◇酸奶+猕猴桃　▶促进肠道健康
- ◇酸奶+草莓　▶增强营养价值

 禁忌搭配
- ✕酸奶+花菜、大豆、菠菜、苋菜等　▶破坏酸奶的钙质

好孕吃法 草莓奶昔

- ●**材料** 草莓5颗，鲜奶100克，酸奶50克
- ●**调料** 蜂蜜1大匙

做法

①将草莓洗净，去蒂。②在果汁机内加草莓、鲜奶、酸奶和蜂蜜，并搅打均匀。③把拌匀的奶昔倒入杯子即可。

好孕吃法 香蕉菠萝奶昔

● **材料** 香蕉1根，菠萝100克，冰块1/2杯，鲜奶100克

做法

①香蕉去皮，切成小块。②菠萝去皮，洗净，切成小块。③把香蕉、菠萝、冰块和鲜奶放入果汁机内，搅打均匀即可。

好孕吃法 芒果奶昔

● **材料** 芒果200克，鲜奶100克，酸奶50克

做法

①芒果用水洗净，去果核，切块。②在果汁机内放入鲜奶、芒果和酸奶，搅匀。③把芒果奶昔倒入杯中即可。

好孕吃法 蓝莓奶昔

● **材料** 蓝莓150克，鲜奶100克，酸奶50克，柠檬汁30克

做法

①用流水清洗蓝莓。②把蓝莓、鲜奶、酸奶和柠檬汁放入果汁机内搅匀。③把蓝莓奶昔倒入杯中即可。

坚果 ▶

板栗

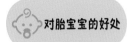对胎宝宝的好处

板栗中除了含有丰富的蛋白质、糖类外，还含有钙、磷、铁、钾等矿物质及维生素C、维生素B$_1$、维生素B$_2$，这些营养素能促进胎儿的生长发育，预防胎儿发育不良。

对孕妈妈的好处

①外国人称板栗为"人参果"，它含有丰富的营养以及大量对准妈妈身体有益的矿物质元素。
②准妈妈常吃板栗不仅可以健身壮骨，有利于骨盆的发育成熟，还可以消除疲劳。

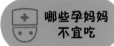哪些孕妈妈不宜吃

糖尿病孕妇忌食；脾胃虚弱、消化不良的孕妇及患有风湿病的孕妇也不宜多食。

相宜搭配

☑ 板栗+鸡肉 ▶ 补血养身
☑ 板栗+白菜 ▶ 消除黑斑和黑眼圈
☑ 板栗+红枣 ▶ 补肾虚，治腰痛

禁忌搭配

✗ 板栗+羊肉 ▶ 不易消化，引起呕吐
✗ 板栗+牛肉 ▶ 影响营养吸收，不易消化
✗ 板栗+杏仁 ▶ 引起胃痛

好孕吃法 板栗玉米煲排骨

● **材料** 猪排骨350克，玉米棒200克，板栗50克
● **调料** 花生油30克，盐3克，葱丝、葱花、姜丝各5克，高汤适量

做法

①猪排骨洗净，切段，汆水；玉米棒洗净，切块；板栗肉洗净。②净锅上火倒入花生油，将葱、姜爆香，下入高汤、猪排骨、玉米棒、板栗煮熟，调入盐，撒葱花即可。

板栗白糖粥

- ●材料　大米100克，板栗30克
- ●调料　白糖6克，葱少许

做法

①将板栗去壳洗净；将大米泡发洗净；将葱洗净，切成葱花。②锅置火上，注入清水，放入大米，用旺火煮至米粒绽开。③放入板栗，用中火熬至板栗熟烂后，放入白糖调味，撒上葱花即可。

板栗冬菇老鸡汤

- ●材料　老鸡200克，板栗肉30克，冬菇20克
- ●调料　盐4克

做法

①将老鸡宰杀洗净，斩块汆水；板栗肉洗净；将冬菇浸泡洗净，切片备用。②净锅上火倒入水，调入盐，下入鸡肉、板栗肉、冬菇，煲至熟即可。

鱿鱼板栗饭

- ●材料　大米150克，干贝20克，干鱿鱼30克，板栗20克
- ●调料　盐、姜末适量，葱花少许

做法

①将板栗肉清洗干净。②将大米洗净，倒入锅中；干鱿鱼泡发，洗净，切片，和板栗一起倒入锅中。③将干贝泡发，洗净，放入锅中，加入盐、姜末和适量水，煮熟。④待饭煮熟后，搅拌均匀，撒上葱花盛出即可。

核桃

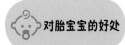 **对胎宝宝的好处** 500克核桃仁相当于2500克鸡蛋或4750克牛奶的营养价值，特别是对大脑神经细胞有益的钙、铁、和维生素B$_1$、维生素B$_2$等成分含量比较高，因此有利于胎儿的智力发育。

 **对孕妈妈的好处** 核桃甘温，有温肺、补肾、益肝、健脑、强筋、壮骨、润肠通便的功能，对孕妈妈大有好处。

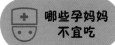 **哪些孕妈妈不宜吃** 阴虚火旺的孕妇、大便溏泄的孕妇、吐血的孕妇、出鼻血的孕妇应少食或禁食核桃仁。

 相宜搭配
- ⊘核桃+杜仲、补骨脂 ▶温补肝肾而强筋骨、缓腰痛
- ⊘核桃+山楂、白糖 ▶补肺肾，润肠燥，消食积
- ⊘核桃+黑芝麻、红糖 ▶健脑补肾，乌发生发

 禁忌搭配
- ⊗核桃+茯苓 ▶削弱茯苓的药效

好孕吃法 核桃大米豆浆

●**材料** 黄豆、大米各30克，核桃仁10克，冰糖适量

做法

①把黄豆用水泡软并洗净；把大米淘洗干净。②将黄豆、大米、核桃仁一起放入豆浆机中，添水搅打成浆，并煮沸。③网罩过滤后，添加适量冰糖调味即可。

核桃酥

- **材料** 黄油50克，中筋面粉100克，鸡蛋黄1个，核桃仁30克
- **调料** 砂糖15克

做法

①黄油放入砂糖打发，再将面粉加入黄油里。②将核桃仁洗净放入面粉中，搅拌均匀，用保鲜膜盖好醒发；将鸡蛋黄打成蛋液。③将面团分成小份，每小份揉成圆球，轻轻按压，做成核桃形。④刷上蛋液烤熟。

黑米核桃浆

- **材料** 黑米70克，核桃仁20克
- **调料** 冰糖适量

做法

①黑米洗净，泡软；核桃仁洗净。②将黑米、核桃仁放入豆浆机中，添水，按"米浆"键，待浆成，装杯，加入冰糖调味即可。

雪花核桃泥

- **材料** 面粉120克，鸡蛋2个，核桃仁40克
- **调料** 糖15克，冰激凌适量

做法

①核桃仁洗净切碎；鸡蛋打散。②将面粉加适量清水搅拌成絮状，再加入鸡蛋、核桃仁、糖拌匀成面浆。③将拌匀的面浆放入油锅中煎成饼，起锅装盘，再将冰激凌置于上面即可。

黑芝麻

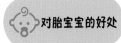 **对胎宝宝的好处**　芝麻中含有丰富的不饱和脂肪酸，有利于胎儿大脑的发育。

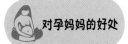 **对孕妈妈的好处**　黑芝麻含有大量的脂肪和蛋白质，还有糖类以及维生素等，能加速孕妈妈的代谢，帮助孕妈妈预防孕期便秘。

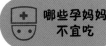 **哪些孕妈妈不宜吃**　患有慢性肠炎、便溏腹泻等病症的孕妇患者不宜食用。

 相宜搭配
- ☑ 黑芝麻+核桃　▶改善皮肤弹性，保持皮肤细腻
- ☑ 黑芝麻+海带　▶美容，抗衰老
- ☑ 黑芝麻+桑葚　▶降血脂　　☑ 黑芝麻+冰糖　▶润肺，生津

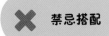 **禁忌搭配**
- ☒ 黑芝麻+鸡胸脯肉　▶易引起中毒
- ☒ 黑芝麻+鸡翅　▶易引起中毒

好孕吃法 芝麻花生黑豆浆

●**材料**　黑豆70克，黑芝麻、花生仁各10克，白糖15克

做法

①黑豆泡软，洗净；花生仁洗净；黑芝麻冲洗干净，沥干水分，碾碎。②将所有原材料放入豆浆机中，添水搅打成豆浆，烧沸后滤出豆浆，加入白糖拌匀即可。

好孕吃法 花生芝麻糊

●**材料** 熟花生仁200克，熟黑芝麻100克，牛奶30克，淀粉、白糖各适量

做法

①熟黑芝麻用搅碎机打碎，放入锅中，加入开水、白糖、牛奶调匀，加盖，以大火煮8分钟。②加入淀粉调匀，加盖，以大火煮2分钟，撒上熟花生仁即可。

好孕吃法 黑芝麻豆浆

●**材料** 黄豆100克，黑芝麻、白糖适量

做法

①黄豆浸泡至发软，捞出洗净；黑芝麻淘洗净，碾碎。②将黄豆、黑芝麻、白糖放入豆浆机中，添水搅打成豆浆，烧沸后滤出，加入白糖调匀即可。

好孕吃法 黑芝麻蜂蜜粥

●**材料** 黑芝麻20克，大米80克
●**调料** 白糖3克，蜂蜜、葱花适量

做法

①大米泡发洗净；黑芝麻洗净。②锅置火上，倒入清水，放入大米煮开。③加入蜂蜜、黑芝麻同煮至浓稠状，调入白糖拌匀，撒葱花即可。

花生

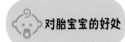 **对胎宝宝的好处**　花生的锌元素含量比较高。锌对于促进胎宝宝大脑发育、增强大脑的记忆功能有好处。

 **对孕妈妈的好处**　食用花生对于妇女孕期、产后都有较好的补养效果，孕妈妈常吃花生还能预防产后缺乳。

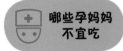 **哪些孕妈妈不宜吃**　血黏度高或有血栓的人不宜食用；胆病患者不宜食用。

 相宜搭配
⊘花生+甜杏仁、黄豆 ▶补益脾胃，滋养补虚
⊘花生+甜杏仁、蜂蜜 ▶润肺止咳
⊘花生+红豆、红枣 ▶补益脾胃

 禁忌搭配
⊗花生+螃蟹 ▶导致肠胃不适，引起腹泻
⊗花生+黄瓜 ▶导致腹泻
⊗花生+蕨菜 ▶导致腹泻、消化不良　⊗花生+肉桂 ▶降低营养

好吃法 宝塔菜心

●**材料** 菜心300克，花生米、枸杞子、火腿丁各适量
●**调料** 香油15克，白糖少许，盐3克

做法

①将菜心洗净，剁碎，入沸水锅中焯水至熟；花生米入油锅炸至表皮微红；枸杞子洗净，稍过水。②将所有原材料加盐、香油、白糖搅拌均匀装盘。

好孕吃法 花生红枣大米粥

● **材料** 花生仁30克，红枣20克，大米80克
● **调料** 白糖3克，葱8克

做法

① 大米泡发洗净；花生仁洗净；红枣洗净，去核，切成小块；葱洗净，切成葱花。② 锅置火上，倒入清水，放入大米、花生米煮开。③ 再加入红枣同煮至粥呈浓稠状，调入白糖拌匀，撒上葱花即可。

好孕吃法 花生芦荟粥

● **材料** 大米100克，芦荟、花生米各20克
● **调料** 盐2克，味精少许

做法

① 大米泡发洗净；芦荟洗净，切小片；花生米洗净泡发。② 锅置火上，注入清水后，放入大米、花生米煮至熟时。③ 放入芦荟，用小火煮至粥成，调入盐、味精入味，即可食用。

好孕吃法 花生核桃芝麻粥

● **材料** 黑芝麻10克，黄豆30克，花生米、核桃仁各20克，大米70克
● **调料** 白糖4克，葱8克

做法

① 大米、黄豆均洗净；花生米、核桃仁、黑芝麻均洗净；葱洗净，切花。② 锅置火上，倒入清水，放入大米、黄豆、花生米以大火煮开。③ 加入核桃仁、黑芝麻煮至粥呈浓稠状，调入白糖，撒上葱花。

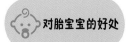 **对胎宝宝的好处**
①红枣中含有十分丰富的叶酸，而叶酸会参与血细胞的生成，可促进胎儿神经系统的发育。
②红枣中含有微量元素锌，能促进胎儿的智力发展。

 **对孕妈妈的好处**
有助于孕妇补血补铁。红枣除含有丰富的碳水化合物、蛋白质外，还含有丰富的维生素和矿物质元素，尤其是含有维生素C，可促进孕妇对铁质的吸收。

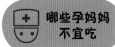 **哪些孕妈妈不宜吃**
外感风热而引起的感冒、发烧者及腹胀气滞的孕妇，都属于忌吃生鲜红枣的人群。

 相宜搭配
☑红枣+松子 ▶延年益寿
☑红枣+南瓜 ▶补脾益气，解毒止痛
☑红枣+花生 ▶健脾利胃

 禁忌搭配
⊗红枣+牛奶 ▶影响蛋白质的吸收
⊗红枣+葱 ▶导致消化不良

红枣鸡汤

● **材料** 红枣15枚，核桃仁100克，净鸡肉250克
● **调料** 盐适量

做法

①先将红枣、核桃仁用清水清洗干净；净鸡肉清洗干净，切成小块。②将砂锅清洗干净，加适量清水，放核桃仁、红枣、鸡肉，旺火烧开去浮沫，改小火炖约1小时，放入盐调味。

好孕吃法 红枣红米补血粥

- **材料** 红米80克，红枣、枸杞子各适量
- **调料** 红糖10克

做法

①红米洗净泡发；红枣洗净，去核，切成小块；枸杞子洗净，用温水浸泡至回软备用。②锅置火上，倒入清水，放入红米煮开。③加入红枣、枸杞子、红糖同煮至浓稠状即可。

好孕吃法 红枣豌豆粥

- **材料** 大米100克，红枣、豌豆各适量
- **调料** 红糖5克

做法

①大米洗净，用清水浸泡；红枣、豌豆洗净，并将红枣去核。②锅置火上，放入大米、豌豆、红枣，加适量清水煮至粥将成。③放入红糖调匀后便可装碗。

好孕吃法 高粱红枣豆浆

- **材料** 黄豆45克，高粱、红枣各15克，蜂蜜适量

做法

①黄豆、高粱分别泡发洗净，用清水浸泡至发软；红枣洗净去核，切碎。②将上述材料放入豆浆机中，添水搅打成豆浆，并煮熟。③过滤装杯，待温热时加入蜂蜜调匀即可。

开心果

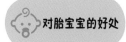 **对胎宝宝的好处**　开心果是营养丰富的食物，含维生素A、叶酸、铁、磷、钙、烟酸、泛酸、矿物质元素等，可以促进胎宝宝健康发育。

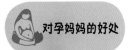 **对孕妈妈的好处**　开心果有很高的营养价值，除了含有丰富的维生素、叶酸和矿物质元素之外，还含有丰富的油脂，有帮助孕妈妈润肠通便、降脂排毒的作用。

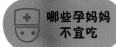 **哪些孕妈妈不宜吃**　怕胖的孕妈妈、血脂高的孕妈妈应少吃。

 相宜搭配
- ⊘开心果+蔬菜+豆类　▶消耗脂肪
- ⊘开心果+鸡肉　▶养肾抗衰，润肠排毒
- ⊘开心果+红椒　▶促进食欲

✖ **禁忌搭配**
- ⊗开心果+黄瓜　▶导致腹泻

牛奶开心果豆浆

●**材料** 黄豆40克，开心果15克，牛奶适量

做法

①黄豆泡发，洗净；开心果去壳，碾碎。②将所有原材料放入豆浆机中，添水搅打成豆浆，烧沸后滤出豆浆，加入牛奶调匀即可。

Part 3

─ 备孕夫妻的优孕食谱 ─

●当你准备要个小宝贝的时候，你一定希望他健康、聪明，而这些先天性素质往往从它成为受精卵的那一刻起就已经决定了。所以，孕前备孕女性千万不要忽略对营养素的摄取。因为许多营养素可以提前摄取并在人体内贮存相当长的时间，所以，这就给夫妻在孕前摄取营养为孕早期做准备创造了有利条件。那么，就让我们一起看看备孕所必需的关键营养素吧。

备孕妈妈需要重点补充的营养素

叶酸是一种水溶性B族维生素，因为它最初是从菠菜叶子中分离提取出来的，故得名"叶酸"。叶酸最重要的功能就是制造红细胞和白细胞，增强免疫能力。叶酸可以预防宝宝神经管畸形，备孕妈妈严重缺乏叶酸时不但会让孕妈妈患上巨幼红细胞性贫血，还可能让孕妈妈生下无脑儿、脊柱裂儿、脑积水儿等。孕前3个月就应该开始补充叶酸了，建议备孕妈妈平均每日摄入0.4毫克叶酸。

◎富含叶酸的食物

菠菜、油菜、小白菜、胡萝卜、西蓝花、西红柿、动物肝脏、鸡肉、牛肉、羊肉、豌豆、黄豆制品、猕猴桃、草莓、樱桃、柠檬、橘子、香蕉、核桃。

菠菜炒鸡蛋

- **材料** 菠菜400克，鸡蛋1个，黑木耳50克
- **调料** 蒜蓉20克，盐3克

做法

① 菠菜洗净切段；黑木耳泡发洗净，撕成小朵；鸡蛋打散，加盐搅拌均匀。② 油烧热，放入蒜蓉炒香，倒入鸡蛋滑炒熟，装盘；锅底留油，加黑木耳翻炒，再加菠菜快炒，最后倒入鸡蛋同炒。③ 加入盐调味，起锅装盘即可。

优孕食谱 清炒油菜

- **材料** 油菜350克
- **调料** 蒜蓉20克，盐3克，鸡精1克

做法

①将油菜洗净，对半剖开，控干水分，备用。②锅置火上，加油烧热，放入蒜蓉炒香，倒入油菜滑炒至熟，最后加入盐和鸡精炒匀即可装盘。

优孕食谱 素拌西蓝花

- **材料** 西蓝花60克，胡萝卜15克，香菇15克
- **调料** 盐少许

做法

①西蓝花洗净，切朵；胡萝卜洗净，切片；香菇洗净，切片。②将适量的水烧开后，先把胡萝卜放入锅中烧煮至熟，再把西蓝花和香菇放入开水中煲烫。③最后加入盐，拌匀即可捞出。

优孕食谱 西蓝花炒油菜

- **材料** 西蓝花200克，油菜200克，胡萝卜片50克
- **调料** 盐2克，鸡精2克

做法

①西蓝花洗净切朵，焯水备用；油菜去尾叶洗净，焯水备用。②油烧热，倒入焯过的原材料，加胡萝卜后翻炒片刻，调入盐、鸡精，炒匀至菜入味，便可起锅。

葱香胡萝卜丝

- **材料** 胡萝卜500克
- **调料** 葱丝、姜丝、料酒、盐、味精各适量

做法

①将胡萝卜洗净，去根，切细条状。②锅置火上，下油，用中火烧至五六成热时放入葱丝、姜丝炝锅，烹入料酒，倒入胡萝卜丝煸炒一会儿，加入盐，添少许清水稍焖一会儿，待胡萝卜丝熟后再用味精调味，翻炒均匀，盛入盘中即成。

生态黄焖鸡

- **材料** 鸡肉400克
- **调料** 盐、味精、老抽、料酒、香油各适量

做法

①鸡肉洗净，切块。②锅中注水烧沸，放入鸡块、料酒、老抽和香油，焖熟。③加入盐、味精调味即可。

豌豆炒牛肉

- **材料** 牛肉300克，豌豆、胡萝卜各100克
- **调料** 葱花、姜末、醋各10克，盐3克，酱油5克，水淀粉适量

做法

①牛肉、胡萝卜均洗净，切丁；豌豆洗净沥干，炸熟。②葱花、姜末入油锅爆香，入牛肉丁炒至变色，入胡萝卜丁翻炒约3分钟，调入醋、酱油、盐炒匀，用水淀粉勾芡，再加入豌豆炒熟即可。

蛋炒羊肉

● **材料** 羊肉500克，鸡蛋150克
● **调料** 酱油、料酒各15克，盐3克，水淀粉10克

做法

① 将羊肉洗净，切片，汆水，用酱油、料酒腌渍20分钟。② 鸡蛋打散，下油锅烧成蛋花；另起锅，放入羊肉翻炒，烹入料酒、酱油、盐翻炒至熟。③ 放入蛋花烧至收汁，用水淀粉勾芡，出锅即可。

猕猴桃汁

● **材料** 猕猴桃3个，柠檬1/2个
● **调料** 冰块1/3杯

做法

① 猕猴桃用水洗净，去皮，每个切成四块；柠檬切块。② 在果汁机中放入柠檬汁、猕猴桃和冰块，搅打均匀。③ 把猕猴桃汁倒入杯中，装饰柠檬片即可。

菠菜胡萝卜汁

● **材料** 菠菜100克，胡萝卜50克，包菜2片，西芹60克

做法

① 菠菜洗净，去根，切成小段；胡萝卜洗净，去皮，切小块；包菜洗净，撕成块；西芹洗净，切成小段。② 将准备好的材料放入榨汁机榨出汁即可。

锌

锌是一些酶的组成要素，参与人体多种酶的活动，参与核酸和蛋白质的合成，能提高人体的免疫功能，对生殖功能也有着重要的影响。如果备孕妈妈和孕妈妈能摄取足量的锌，分娩时就会很顺利，新生儿也会非常健康。孕妈妈缺锌不仅会导致胎儿发育不良，且对孕妈妈自身来说，缺锌一方面会降低自身免疫力，另一方面还会造成孕妈妈味觉退化、食欲大减、妊娠反应加重，导致影响胎儿发育所需的营养。建议备孕女性和孕妈妈每日摄入11~16毫克的锌。

◎ **富含锌的食物**

猪肝、牛肉、牛肝、羊肝、鲈鱼、鲤鱼、乌梅、芝麻、牛奶、黄豆、绿豆、花生、核桃、腰果、栗子、鸡蛋。

苦瓜炒牛肉

● **材料** 苦瓜250克，牛肉100克，胡萝卜30克

● **调料** 盐、鸡精各4克

做法

①苦瓜洗净，去瓤切片；牛肉洗净切片；胡萝卜洗净切片。②将苦瓜片、牛肉片、胡萝卜片一起放入沸水中氽烫，捞出沥干水分。③锅上火，加油烧热，下牛肉炒开后，加入苦瓜、胡萝卜、盐、鸡精，炒匀即可。

枝竹豆腐焖黄鱼

●材料 黄鱼1条，蒜段、豆腐各100克，胡萝卜适量
●调料 盐、味精、料酒各适量

做法

①黄鱼收拾干净，用盐和料酒腌渍；豆腐洗净，切片；胡萝卜洗净，切片。②热锅下油，放入黄鱼煎至变色捞出。③另起油锅，放入蒜、豆腐和黄鱼，加入盐和味精调味，注水加热至熟，放上胡萝卜即可。

鲜熘鱼片

●材料 鱼肉300克，冬笋片100克
●调料 盐3克，淀粉10克，清汤、香油各适量

做法

①鱼肉洗净后切片，用盐和淀粉腌渍。②倒油入锅，烧至七成热时倒入鱼片，当鱼片浮起翻白时捞起沥油。③原锅留油，将冬笋入锅略炒，加入清汤，再倒入鱼片炒至熟，淋香油，装盘即成。

猪肝瘦肉粥

●材料 猪肝、猪肉各100克，大米80克，青菜30克
●调料 葱花3克，胡椒粉2克，盐3克

做法

①猪肉、猪肝、青菜均洗净切碎，大米淘净泡好。②锅中注水，下入大米，开旺火煮至米粒开花，改中火，下入猪肉熬煮。③转小火，下入猪肝、猪肉、青菜熬煮成粥，加盐、胡椒粉，撒葱花即可。

铁

在备孕期间补充铁是很重要的，补铁可以预防备孕妈妈贫血，改善血液循环，让脸色保持红润。铁缺乏会影响细胞免疫力和机体系统功能，降低机体的抵抗力，使感染率增高。孕期缺铁性贫血会导致孕妈妈出现心慌气短、头晕、乏力，也会导致胎儿宫内缺氧，生长发育迟缓，出生后出现智力发育障碍。备孕女性及孕妈妈每日应该至少摄入18毫克的铁。

◎富含铁的食物

胡萝卜、韭菜、菠菜、芹菜、黑木耳、核桃仁、猪肉、牛肉、羊肉、肝脏、猪血、蛋黄、海带、鲫鱼、葡萄干、樱桃、苜蓿。

胡萝卜拌粉丝

- **材料** 胡萝卜400克，粉丝150克
- **调料** 白醋、盐、味精、蒜泥、香油各适量

做法

①胡萝卜洗净切丝。②粉丝泡好备用。③锅上火加油烧热，放入胡萝卜丝和粉丝炒好，加白醋、味精、蒜泥、香油和盐调味，拌匀装盘。

核桃仁拌韭菜

- **材料** 核桃仁300克，韭菜150克
- **调料** 白糖10克，白醋3克，盐4克，香油8克

做法

① 韭菜洗净，焯熟，切段。② 锅内放入油，待油烧至五成热下入核桃仁炸成浅黄色捞出。③ 在另一只碗中放入韭菜、白糖、白醋、盐、香油拌匀，和核桃仁一起装盘即成。

蒜蓉菠菜

- **材料** 菠菜500克，蒜蓉50克
- **调料** 香油20克，盐4克

做法

① 将菠菜洗净，切段，焯水，捞出装盘，待用。② 炒锅注油烧热，放入蒜蓉炒香，倒在菠菜上，再加香油和适量盐充分搅拌均匀即可。

肉丝芹菜

- **材料** 猪肉丝200克，芹菜段250克
- **调料** 盐3克，料酒、老抽、水淀粉各适量，香油10克

做法

① 猪肉丝用料酒、老抽腌渍片刻，以水淀粉抓匀上浆。② 锅内注水烧沸，加盐，放入芹菜焯熟，捞出沥水，装盘。③ 另起油锅，放入猪肉滑炒至熟，捞出盛在芹菜上，最后淋上香油即可。

钙可有效降低孕妈妈的收缩压、舒张压及子痫前症，保证大脑正常工作，对脑的异常兴奋进行抑制，使脑细胞避免有害刺激，维护骨骼和牙齿的健康，维持心脏、肾脏功能和血管健康，有效控制孕妈妈在孕期所患炎症和水肿。如果备孕女性和孕妈妈钙缺乏，就会对各种刺激变得敏感，情绪容易激动，烦躁不安，易患骨质疏松症，而且对胎儿有一定的影响，如智力发育不良、新生儿体重过轻等。怀孕前、孕早期建议每日补充800毫克钙。

◎富含钙的食物

油菜、芥蓝、小白菜、豆腐、海带、紫菜、鸡肉、牛奶、芝麻、核桃仁、柠檬、苹果、虾米、花生、黄豆、海参。

肉末炒小白菜

- **材料** 猪瘦肉100克，小白菜400克
- **调料** 盐3克，鸡精2克，老抽10克，水淀粉15克

做法

① 猪瘦肉洗净，剁成末，加盐、老抽和水淀粉搅拌均匀；小白菜洗净，切段。

② 锅注油烧热，放入猪瘦肉末煸炒至熟，装盘待用；锅再注油烧热，放入小白菜段翻炒至熟，加猪肉末翻炒均匀。

③ 最后调入盐和鸡精，装盘即可。

爆炒鸡丁

- **材料** 鸡肉350克，花生米50克
- **调料** 盐2克，生抽8克，料酒5克，葱少许

做法

①鸡肉洗净，切小丁，用料酒抓匀腌渍；花生米洗净；葱洗净，切成葱花。②油锅烧热，倒入花生米爆香，加入鸡肉同炒至熟。③加入盐、生抽调味，出锅后撒上葱花即可。

芥蓝桃仁

- **材料** 芥蓝200克，核桃仁80克
- **调料** 红椒5克，盐3克，味精2克，香油10克

做法

①芥蓝择去叶子，去皮，洗净，切成小片，放入开水中焯熟。②红椒洗净，切成小片。③芥蓝、洗净的核桃仁、红椒装盘，淋上盐、味精、香油，搅拌均匀即可。

韭菜炒核桃

- **材料** 韭菜350克，核桃300克，红椒丝20克
- **调料** 蒜蓉20克，盐3克，鸡精4克，水淀粉适量

做法

①韭菜洗净，切段；核桃洗净，焯水，沥干待用。②炒锅注油烧热，放入蒜蓉爆香，下入核桃仁滑炒，再倒入韭菜、红椒丝一起翻炒均匀。③调入盐、鸡精炒匀，最后加水淀粉勾芡，起锅装盘即可。

碘具有调节体内代谢和蛋白质、脂肪的合成与分解作用。同时，碘还可以通过合成甲状腺素来调节机体生理代谢，从而促进生长发育，维护中枢神经系统的正常结构。碘缺乏可使甲状腺分泌的甲状腺素减少，降低机体能量代谢，导致异位性甲状腺肿。孕妈妈缺碘可引起胎儿早产、死胎、甲状腺发育不全，并可影响胎儿中枢神经系统发育，引起先天畸形、甲状腺肿大、克汀病、脑功能减退等。建议备孕女性及孕妈妈每日摄入16.5克碘。

◎ 富含碘的食物

小白菜、莴笋、海带、紫菜、豆腐干、羊肝、鹌鹑蛋、虾米、虾皮、金枪鱼、带鱼、干贝、淡菜、海参、海蜇、裙带菜。

优孕食谱 莴笋拌腰豆

- **材料** 莴笋200克，腰豆100克，红椒5克
- **调料** 盐3克，香油适量

做法

①莴笋去皮洗净，切菱形块；红椒去蒂洗净，切片；腰豆泡发，洗净备用。②锅入水烧开，分别将莴笋、腰豆焯熟后，捞出沥干装盘。③加盐、香油拌匀，用红椒点缀即可。

（优孕食谱）西蓝花炒百合

- **材料** 西蓝花300克，胡萝卜片20克，百合20克
- **调料** 蒜蓉5克，盐、白糖、淀粉各3克

做法

①西蓝花洗净，切朵；百合瓣成片，洗净；胡萝卜洗净，切菱形片。②锅放清水、白糖，烧沸后放西蓝花、百合片、胡萝卜片焯水。③蒜蓉爆香，倒入焯过的原材料炒熟，调入盐，用水淀粉勾芡即可。

（优孕食谱）白菜海带豆腐汤

- **材料** 白菜200克，海带结80克，豆腐55克
- **调料** 高汤、盐各少许，味精、香菜段各3克

做法

①白菜洗净，撕成小块；海带结洗净；豆腐洗净，切块备用。②炒锅上火加入高汤，下入白菜、豆腐、海带结，调入盐、味精煲至熟，撒入香菜即可。

（优孕食谱）海鳗鱼枸杞汤

- **材料** 海鳗鱼1尾，枸杞子4克
- **调料** 高汤适量，盐4克，葱段、姜片各3克

做法

①将海鳗鱼收拾干净，切段，氽水后捞出沥干；枸杞子洗净备用。②净锅上火倒入高汤，入葱、姜，下入海鳗鱼、枸杞子煲至熟，调入盐即可。

备孕爸爸需要重点补充的营养素

维生素C又叫L-抗坏血酸，是一种水溶性维生素。维生素C可以促进伤口愈合，增强机体抗病能力，对维护牙齿、骨骼、血管、肌肉的正常功能有重要作用。同时，维生素C还可以促进铁的吸收，改善贫血，提高免疫力，对抗应激等。维生素C和抗氧化剂能减少精子受损的危险，提高精子的运动活性。建议备孕爸爸每日摄入100毫克维生素C。

◎富含维生素C的食物

白菜、油菜、芹菜、菜薹、黄瓜、西红柿、胡萝卜、豌豆、桂圆、猕猴桃、苹果、橙子、木瓜、柚子、黄瓜、草莓。

拌胡萝卜丝

- **材料** 胡萝卜200克，香菜适量
- **调料** 盐、味精各3克，熟芝麻、香油各适量

做法

①胡萝卜洗净，切丝；香菜洗净，切段。②将胡萝卜丝放入开水锅焯水后取出沥干。③将香菜和胡萝卜同拌，调入盐、味精、香油拌匀，撒上熟芝麻即可。

优孕食谱 黄瓜炒山药

- **材料** 黄瓜、山药各200克，红椒适量
- **调料** 盐、味精各适量

做法

①黄瓜、山药分别用清水洗净，去皮，切片；红椒用清水洗净，切片。②热锅下油，放入山药翻炒，至变软时放入黄瓜和红椒。③加入盐炒熟，放入味精调味，出锅即可。

优孕食谱 油菜黄豆汤

- **材料** 牛肉250克，黄豆100克，油菜6棵
- **调料** 盐4克，味精、香油各3克，葱丝、姜丝各5克，高汤、花生油适量

做法

①牛肉洗净切丁，氽水备用；黄豆洗净；油菜洗净。②炒锅上火倒入花生油，将葱、姜炝香，下入高汤，再加入牛肉、黄豆，调入盐、味精煲至熟，放入油菜，淋入香油即可。

优孕食谱 木瓜柳橙汁

- **材料** 木瓜100克，柳橙1个，柠檬半个，酸奶120克
- **调料** 冰块适量

做法

①木瓜洗净，去皮与籽，切小块；柳橙洗净切半，榨出汁液；柠檬洗净，榨出汁。②将木瓜、柳橙汁、柠檬汁、酸奶放入榨汁机里搅打均匀，根据个人情况加冰块即可。

维生素A的化学名为视黄醇，是最早被发现的维生素，也是脂溶性物质维生素，主要存在于海产尤其是鱼类肝脏中。维生素A具有维持人的正常视力、维护上皮组织健全的功能，可保证皮肤、骨骼、牙齿、毛发的健康生长，还能促进生殖机能的良好发展。备孕爸爸如果缺乏维生素A，其精子的生成和精子活动能力都会受到影响，甚至产生畸形精子，影响生育。建议备孕爸爸每日摄入800微克维生素A。

◎富含维生素A的食物

白菜、马齿苋、菠菜、南瓜、甜瓜、西红柿、茄子、绿豆、猪肝、鲫鱼、紫菜、海带、鸡蛋、梨子、枇杷、樱桃、西瓜。

香拌南瓜丝

●材料　南瓜350克

●调料　盐3克，香油适量

做法

①南瓜去皮，用清水洗净，切成细丝。②锅入水烧开，放入南瓜丝焯熟后，捞出沥干装盘，加盐、香油搅拌均匀即可。

姜葱炒猪肝

- **材料** 猪肝400克，洋葱、姜、葱白各100克，红辣椒20克
- **调料** 盐、味精、水淀粉各适量

做法

①猪肝洗净，切片；洋葱、姜洗净，切片；葱白洗净，切段；红辣椒洗净，去籽切片。②热锅下油，放入猪肝片、姜片、红辣椒片和洋葱片爆炒。③加入盐、味精和葱白炒熟，放入水淀粉勾芡即可。

梨子汁

- **材料** 梨子200克，蜂蜜适量，白开水180克

做法

①将梨子洗净，去皮和果核，切成块状。②将水倒入榨汁机中，加入适量的蜂蜜，搅拌均匀。③再将切好的梨子放入，搅打成汁即可。

上汤白菜粉丝大豆腐

- **材料** 白菜350克，豆腐300克，粉丝150克
- **调料** 盐4克，味精2克，香油5克，香菜段适量

做法

①白菜洗净，竖切条；粉丝泡发，洗净；豆腐洗净，切块。②锅中倒油烧热，下入白菜翻炒至变软，加适量水烧开，放入豆腐和粉丝，烧熟。③最后加入盐、香油和味精调味，起锅后撒上香菜即可。

维生素E又被称为生育酚，是一种脂溶性维生素。维生素E是一种很强的抗氧化剂，可以改善血液循环，修复组织，对延缓衰老、预防癌症及心脑血管疾病非常有益。另外，它还有保护视力、提高人体免疫力、抗不孕等功效。维生素E能促进性激素分泌，增强男性精子的活力，提高精子的数量。维生素E是一种很重要的血管扩张剂和抗凝血剂，在食油、水果、蔬菜及粮食中均存在。建议备孕爸爸每日摄入14毫克维生素E。

◎富含维生素E的食物

菠菜、芹菜、菜心、玉米、牛肉、猪肝、鸭肉、鸡蛋、牛奶、大豆、豌豆、燕麦、小麦、芝麻、花生、榛子、山药。

盐水菜心

优孕食谱

● **材料** 菜心200克，红椒1个

● **调料** 盐3克，鸡精3克，姜丝、葱白丝5克，高汤适量

做法

①红椒洗净，去蒂、籽，切丝。②锅上火，加水烧开，下入菜心稍焯后，捞出装盘。③原锅加油烧热，爆香姜丝、红椒丝、葱白丝，下入高汤、盐、鸡精烧开，倒入装有菜心的盘中即可。

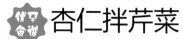 杏仁拌芹菜

- **材料** 芹菜250克，杏仁30克，胡萝卜50克
- **调料** 盐2克，香油适量，鸡精1克

做法

①芹菜洗净，切段；杏仁洗净，沥干；胡萝卜洗净，切片。②将所有原材料入沸水锅中汆水至熟，捞出沥干，装盘。③加入适量盐、香油和鸡精，搅拌均匀即可。

腊肉丁炒豌豆

- **材料** 豌豆400克，腊肉100克
- **调料** 盐4克，鸡精3克，水淀粉10克，葱段适量

做法

①豌豆洗净，入沸水锅中焯水，捞起沥干；腊肉洗净，切丁。②炒锅注油烧热，葱段炝香，放入腊肉煸炒，再下入豌豆同炒至熟，倒入少量清水稍焖。③调入盐和鸡精调味，用水淀粉勾芡，起锅装盘即可。

菠菜花生米

- **材料** 菠菜200克，红豆、杏仁、玉米、豌豆、核桃仁、枸杞子、花生各50克
- **调料** 盐2克，醋8克，生抽10克

做法

①菠菜洗净，用沸水焯熟；红豆、杏仁、玉米、豌豆、枸杞子、花生洗净后焯熟。②将菠菜装盘，再加入红豆、杏仁、玉米粒、豌豆、枸杞子、花生米、核桃仁。③向盘中加入盐、醋、生抽，拌匀即可。

硒元素是人体必需的微量矿物质营养素，而机体所需的硒元素应该从饮食中得到。硒元素对男性的生育能力非常重要，它可以提高精子的活动能力，促进受精等生殖活动。备孕爸爸体内缺乏硒会导致睾丸发育和功能受损，性欲减退，精液质量差，影响生育质量，因此，备孕爸爸要注意补硒。建议备孕爸爸每日摄入50微克硒。

◎ **富含硒的食物**

花菜、茭白、冬菇、洋葱、豆腐、猪肉、牛肉、鸡肝、鸭肝、鸡蛋、金枪鱼、虾、沙丁鱼、豆浆、小米、小麦、芝麻、杏仁、奶酪、南瓜子、柑橘。

优孕食谱 茭白肉片

- **材料** 茭白300克，瘦肉150克，红辣椒1个
- **调料** 盐4克，味精1克，淀粉5克，生抽6克，姜片5克

做法

① 茭白洗净，切成薄片；瘦肉洗净切片；红辣椒洗净切片。② 肉片用淀粉、生抽腌渍。③ 锅中油烧热，爆香姜片，将肉片炒至变色后加入茭白、红辣椒片炒5分钟，调入盐、味精即可。

优孕食谱 水煮虾

- ●材料 虾400克
- ●调料 盐3克，味精2克，料酒适量

做法

①虾用清水洗净，用盐、味精、料酒腌渍30分钟左右。②锅置火上，注入清水，烧沸后将腌渍好的虾倒入其中，煮熟后便可盛出装盘。

优孕食谱 洋葱牛肉丝

- ●材料 洋葱150克，牛肉150克
- ●调料 姜丝3克，蒜片5克，料酒8克，盐、味精、葱花各适量

做法

①牛肉洗净，去筋切丝；洋葱洗净，切丝。②将牛肉丝用料酒、盐腌渍。③锅上火，加油烧热，放入牛肉丝快火煸炒，再放入蒜片、姜丝，待牛肉炒出香味后加入盐、味精调味，放入洋葱丝略炒，撒葱花即可。

优孕食谱 补肾黑芝麻豆浆

- ●材料 黑芝麻、花生仁各15克
- ●调料 白糖适量

做法

①黑芝麻洗净碾碎；花生仁洗净。②将上述材料放入豆浆机中，添加适量清水，搅打成浆，并煮熟。③将豆浆过滤，根据个人口味可加入适量白糖调味即可。

镁是一种参与生物体正常生命活动及新陈代谢过程必不可少的元素。镁是矿物质元素中的一种，属于矿物质的常量元素类。镁能提高精子的活力，所以在补锌的同时还要注意补充镁，以达到"双管齐下"的目的。镁缺乏会导致血清钙下降，神经肌肉兴奋性亢进，并且对血管功能可能有潜在的影响。建议备孕爸爸每日镁入350毫克镁。

◎富含镁的食物

西蓝花、玉米、茄子、海参、鲍鱼、墨鱼、蛤蜊、紫菜、黄豆、蚕豆、豌豆、小米、花生、松子、西瓜子、香蕉。

备孕食谱 玉米米糊

●**材料** 鲜玉米粒60克，大米50克，玉米渣30克

做法

①鲜玉米粒洗净；大米加入清水浸泡2小时；玉米渣淘洗干净。②将所有食材倒入豆浆机中，加水，按操作提示煮好米糊。

优孕食谱 蛤蜊汆水蛋

- **材料** 蛤蜊350克，鸡蛋200克
- **调料** 葱20克，姜10克，盐3克

做法

①蛤蜊洗净；鸡蛋打散搅匀；姜洗净切片；葱洗净，切成葱花。②锅中加油烧热，下入姜片爆香，再下入蛤蜊炒至开口，加入适量水煮开。③淋入鸡蛋液，煮至蛋液凝固，加盐调味，撒上葱花即可。

优孕食谱 葱烧海参

- **材料** 海参300克，葱段50克，油菜150克
- **调料** 盐、酱油、水淀粉、枸杞子各适量

做法

①海参洗净切条；油菜洗净在根部打十字花刀，将枸杞子放在其根部。②起油锅，放入海参翻炒，加盐、酱油调味，加适量清水烧一会儿，待汤汁变浓，放入葱段，用水淀粉勾芡，装盘。③锅入水烧开，放入油菜焯熟，摆盘即可。

优孕食谱 豌豆小米豆浆

- **材料** 豌豆40克，小米30克

做法

①豌豆加水泡至发软，捞出洗净；小米淘洗干净，用清水浸泡2小时。②将泡好的豌豆和小米放入豆浆机中，添加适量清水搅打成豆浆，并煮熟。

锌元素参与精子的整个生成、成熟的过程，不仅是备孕爸爸合成激素时的必需元素，更是前列腺液中不可或缺的组成部分。锌可以调节免疫系统的功能，改善备孕爸爸精子的活动能力。锌缺乏可能会导致睾丸萎缩，精子数量减少，质量差，使生殖功能降低或不育。建议备孕爸爸每日摄入约2毫克锌。

◎ **富含锌的食物**

白菜、冬瓜、西红柿、银耳、猪肉、猪肝、牛肉、鸡肉、金枪鱼、虾、生蚝、黄豆、小米、芝麻、花生、核桃。

西蓝花素三菇

● **材料** 杏鲍菇、滑子菇、白蘑菇各100克，西蓝花适量

● **调料** 盐3克，味精1克

做法

①杏鲍菇、白蘑菇、西蓝花分别洗净，切块；西蓝花入开水焯熟后摆盘；滑子菇洗净。②将杏鲍菇、滑子菇、白蘑菇入锅翻炒。③加盐炒熟，放入味精调味，摆盘即可。

仔姜牛肉

- **材料** 牛肉400克，仔姜90克
- **调料** 盐3克，蒜苗15克，料酒、酱油、淀粉、糖各适量

做法

①牛肉洗净切丝，放入碗中，加入料酒、酱油、淀粉、糖拌匀腌渍；蒜苗洗净，切丝；仔姜洗净，切丝。②锅下油烧热，放入牛肉炒散，加入仔姜炒匀，再加入酱油、糖、盐及蒜苗炒匀，盛入盘中即可。

什锦鸡肉卷

- **材料** 鸡腿肉300克，胡萝卜、白萝卜各适量
- **调料** 盐3克，生抽10克，淀粉适量

做法

①鸡腿洗净去骨；胡萝卜、白萝卜均去皮洗净，切条塞入鸡腿中。②锅内注油烧热，下鸡腿炸至金黄色，捞起沥干切段，排于盘中。③浇上用淀粉、盐、生抽兑成的芡汁，再放入蒸锅蒸熟即可。

强身牡蛎汤

- **材料** 花生米100克，牡蛎肉75克，猪肉50克，菜心20克
- **调料** 盐4克，葱丝、姜片各3克

做法

①将花生米、牡蛎肉、猪肉洗净，猪肉切片；菜心洗净备用。②净锅上火，倒入花生油，将葱、姜爆香，倒入水，调入盐，下入花生米、牡蛎肉、猪肉煲至熟，再下入菜心煮熟即可。

番茄酱双豆

- **材料** 花生米、黄豆各200克
- **调料** 番茄酱50克

做法

①花生米、黄豆分别用清水浸泡，备用。②将泡好的原材料放入开水中煮熟，捞出，沥干水分，放入容器中。③往容器里加番茄酱，搅拌均匀，装盘即可。

美味豆皮包

- **材料** 豆皮150克，猪肉100克
- **调料** 盐3克，鸡精、生抽、葱花各适量

做法

①豆皮洗净，切方形块；猪肉洗净，剁蓉，加入盐、鸡精和葱花，调成肉馅。②用豆皮将肉馅包好，再用消过毒的棉线将其扎好。③锅中注少量油烧热，下豆皮包，调入生抽和剩余的盐和味精，加适量水烧透即可。

黄瓜扁豆排骨汤

- **材料** 黄瓜250克，扁豆30克，麦冬20克，排骨600克，蜜枣2颗
- **调料** 盐4克

做法

①黄瓜去瓤，洗净，切段；扁豆、麦冬洗净；蜜枣洗净。②排骨斩件，洗净，氽水。③将清水2000克放入瓦煲内，煮沸后加入以上用料，大火煮沸后，改用小火煲3小时，加盐调味即可。

Part

宝宝健康、妈妈美丽的
── 10月优孕食谱 ──

●有些妈妈怀孕之后可能会在照顾胎宝宝上花费很多精力，因而忽略了自己的形象。其实不管怀孕前后，妈妈都应该是美丽的，因为爱美是女人的天性。有人说有钱才能扮靓，其实这种说法并不全对，最主要的是孕妈妈要有个好心态，做了妈妈之后应该更加注意形象。妈妈是孩子的榜样，当你每天用自信阳光的笑脸面对肚里的宝宝时，以后孩子也会骄傲地说："我的妈妈是最美丽的。"

孕1月（0~4周），小生命开始发芽成长

我还只是一个小胚芽，我是一个小生命哦。

要当妈妈了，我还什么都不知道呢。

※本月需要补充的关键营养素

叶酸

叶酸广泛存在于绿色蔬菜中，可有效预防先天性畸形，也是蛋白质和核酸合成的必需因子。此外，血红蛋白、红细胞的构成，氨基酸代谢，大脑中长链脂肪酸如DNA的代谢等，都少不了它。

◎富含叶酸的食物

蔬菜类	莴笋、菠菜、西红柿、胡萝卜、油菜、小白菜、扁豆、蘑菇、莴苣。
水果类	猕猴桃、橘子、草莓、樱桃、柠檬、海棠、梨。
肉　类	猪肝、鸡肉、牛肉、羊肉、鸡肾、鸡肝。
其他类	核桃、腰果、板栗、杏仁、松子、黄豆。

蛋白质

蛋白质是造就躯体的原料之一，人体的每个组织——大脑、血液、肌肉、骨骼、毛发、皮肤、内脏等的形成都离不开蛋白质。如果缺乏蛋白质，胎宝宝就会发育迟缓，体重过轻。

◎富含蛋白质的食物

蔬菜类	黄花菜、土豆、芋头、菠菜、花菜、芦笋。
水果类	鳄梨、无花果、桃子、樱桃、桑葚。
肉　类	牛肉、羊肉、猪肉、猪蹄、鸡肉、鸭肉、鹅肉、鹌鹑、鸽肉、鱼肉。
其他类	芝麻、瓜子、核桃、杏仁、松子、黄豆、大青豆、黑豆、豌豆。

补叶酸

优孕食谱 黄豆豆浆

- ●材料　黄豆75克
- ●调料　白糖适量

做法

①黄豆加水浸泡6～16小时，洗净备用。②将泡好的黄豆装入豆浆机中，加适量清水，搅打成豆浆，煮熟。③将煮好的豆浆过滤去渣，加入白糖调匀即可。

补叶酸

补叶酸

优孕食谱 生肉包

- ●材料　水250克，面粉500克，泡打粉15克，酵母5克，猪肉500克，葱末30克
- ●调料　盐6克，砂糖10克，鸡精7克

做法

①面粉、泡打粉混合过筛，加酵母、砂糖、水拌至糖溶化，搓团，包好，稍作松弛。②面团分成30克一个的小团，压薄。③猪肉切碎，加诸调料及葱末拌匀，用面皮包馅，收口捏成雀笼形，猛火蒸8分钟即可。

优孕食谱 莴笋蘑菇

- ●材料　秀珍菇200克，莴笋350克
- ●调料　甜椒1个，盐、白糖、味精、黄酒、水淀粉、素鲜汤各适量

做法

①莴笋去皮，洗净切菱形片；秀珍菇洗净切片；甜椒洗净切片。②锅上火，倒入素鲜汤、秀珍菇片、莴笋片、甜椒片炒匀至熟，加黄酒、盐、白糖、味精烧沸，用水淀粉勾芡即可。

补叶酸

蜂蜜西红柿

- **材料** 西红柿1个
- **调料** 蜂蜜适量

做法

① 西红柿洗净，用刀在表面轻划几刀，分切成几等份，但不切断。② 将西红柿入沸水锅中稍烫后捞出。③ 沸水中加入蜂蜜煮开。④ 将煮好的蜜汁淋在西红柿上，即可食用。

补叶酸

凉拌春笋

- **材料** 春笋500克，榨菜30克，火腿片10克，西红柿1个
- **调料** 盐4克，味精1克，水淀粉30克

做法

① 春笋洗净，切成滚刀斜块；西红柿洗净，切片。② 将春笋、火腿片入沸水锅中焯水至熟，捞起沥干水分，与榨菜、西红柿片同装盘中。③ 油锅烧热，虽盐、味精、水淀粉，炒香后起锅倒在原材料上拌匀即可。

补叶酸

猪肝糯米胡萝卜粥

- **材料** 猪肝100克，糯米80克，胡萝卜干50克，青菜30克
- **调料** 盐3克，鸡精2克，葱花5克

做法

① 猪肝洗净，切片；糯米淘净，泡3小时后沥干；青菜洗净，切碎；胡萝卜干洗净，切成小段。② 糯米入锅，加水烧沸，放入胡萝卜干，熬至粥将成。③ 加入猪肝、青菜慢熬成粥，调入盐、鸡精调味，撒葱花即可。

补蛋白质

优孕食谱 芹菜虾仁

● 材料 芹菜100克，虾仁150克，西红柿1个
● 调料 盐2克，料酒、香油各适量

做法

①芹菜洗净，切成长短一致的小段；西红柿洗净，切片，摆盘备用。②虾仁收拾干净，加盐、料酒腌渍。③锅置火上，注入清水烧开，放入芹菜、虾仁烫熟后捞出。④芹菜、虾仁加入盐、香油拌匀即可。

补蛋白质

补蛋白质

优孕食谱 泡脆藕段

● 材料 鲜藕1000克
● 调料 片糖10克，老盐水1000克

做法

①将鲜藕洗净，去皮，切去两头（切面不露孔，以保持原状）。②将鲜藕用盐水腌渍两天，捞出，晾干水分。③将片糖放入坛内，加入藕段和适量的盐水，盖上坛盖，添足盐水，泡制7天，切片食用。

优孕食谱 土豆煲羊肉粥

● 材料 大米120克，羊肉片50克，土豆块30克，胡萝卜块适量
● 调料 盐3克，葱白10克，料酒、葱花、姜末各少许

做法

①大米淘净，泡好。②大米入锅，加水以旺火煮沸，下入羊肉、姜末、土豆，烹入料酒，转中火熬煮。③下入葱白，慢火熬煮成粥，调入盐调味，撒上葱花即可。

补蛋白质

优孕食谱 猪蹄拉面

- **材料** 拉面450克，猪蹄块200克，菜心20克，圣女果20克，牛骨汤600克
- **调料** 盐3克，味精2克，卤汁适量

做法

①菜心洗净，焯熟；圣女果洗净。②卤汁倒入锅中烧开，放猪蹄块卤制熟；牛骨汤入锅烧开。③拉面入开水锅中煮熟，捞出，装入碗中，调入盐、味精，倒入牛骨汤，放上猪蹄、切开的圣女果、菜心即可。

补蛋白质

优孕食谱 无花果瘦肉汤

- **材料** 瘦肉300克，无花果、山药各少许
- **调料** 盐4克，鸡精5克

做法

①瘦肉洗净，切块；无花果洗净；山药洗净，去皮，切块。②瘦肉汆水备用。③将瘦肉、无花果、山药放入锅中，加适量清水，大火烧沸后以小火慢炖至山药酥软之后，加入盐和鸡精调味即可。

补蛋白质

优孕食谱 菠萝鸡片

- **材料** 菠萝片35克，鸡肉片300克
- **调料** 红椒圈、生抽、水淀粉各10克，盐、味精各3克

做法

①菠萝片用盐水浸15分钟。②炒锅上火，烧至六成热，下鸡肉滑熟，再放入菠萝、红椒圈炒熟。③加盐、味精、生抽调味，炒匀，用水淀粉勾芡，出盘即可。

补蛋白质

 # 哈密瓜炒牛肉

- **材料** 哈密瓜250克，牛肉300克，荷兰豆200克
- **调料** 红椒片20克，酱油5克，盐3克

做法

①哈密瓜去皮，洗净切片；牛肉洗净切片；荷兰豆洗净，撕筋切片。 ②油锅烧热，加入荷兰豆煸炒至熟，加入牛肉片，调入酱油炒香，倒入哈密瓜、红椒片，加入盐炒匀至熟即可盛盘。

补蛋白质

鸡脯肉扒小白菜

- **材料** 小白菜300克，熟鸡胸脯肉丝250克
- **调料** 葱花3克，干淀粉30克，盐3克，牛奶50克，味精5克，高汤、料酒适量

做法

①小白菜去根、洗净，切成10厘米长的小段。②锅烧热，下油，用葱花炝锅，加入料酒、高汤、盐，下鸡胸脯肉，稍煮。③加入小白菜，旺火烧开，加味精，用牛奶调干淀粉勾芡后，出锅。

补蛋白质

水果金枪鱼派

- **材料** 猕猴桃70克，全麦吐司25克，水煮金枪鱼35克
- **调料** 红椒丝适量

做法

①全麦吐司对切成四等份；猕猴桃洗净，去皮，切成八片小圆片备用。②四片猕猴桃放在全麦吐司上，将水煮金枪鱼肉分别平铺在猕猴桃上，再铺上另四片猕猴桃，点缀红椒丝即可。

孕2月（5～8周），幸福与辛苦并行

我逐渐从小胚芽变成一个很小很小的小人，身高3厘米左右，体重4克左右。我有心脏并开始跳动了哦。

早孕反应好辛苦！

※本月需要补充的关键营养素

锌

锌为核酸、蛋白质、碳水化合物的合成所必需的物质，有促进生长发育、改善味觉的作用。怀孕妇女在孕期应摄入含锌食物，否则胎儿容易出现味觉差、嗅觉差、厌食、生长与智力发育低下等情况。

◎富含锌的食物

蔬菜类	白萝卜、胡萝卜、南瓜、茄子、白菜。
水果类	苹果、香蕉、猕猴桃。
肉　类	猪瘦肉、牛瘦肉、羊瘦肉、鱼肉、蚝肉、猪肝、牛肝、牡蛎。
其他类	核桃、瓜子、花生、芝麻、黄豆、松子。

碘

碘是人体甲状腺激素的主要构成成分。甲状腺激素可促进生长发育，影响大脑皮质和交感神经的兴奋。孕期母体摄入碘不足，可造成胎儿甲状腺激素缺乏，导致胎儿出生后甲状腺功能低下。

◎富含碘的食物

蔬菜类	蘑菇、海带、紫菜、菠菜、豌豆、豇豆、豆腐、芹菜、山药、大白菜。
水果类	杨桃、柿子、梨。
肉　类	叉烧、海鱼、牛腱、羊肝、鸡肉、龙虾、海蜇。
其他类	核桃仁、花生、芝麻、黄豆、黑豆、蚕豆。

叶酸

孕2月，叶酸仍是孕妇和胎儿营养的重点，叶酸能帮助形成新的红细胞，对生长迅速的组织如骨髓、消化道内膜等有积极作用，有利于胎儿的生长。

◎ 富含叶酸的食物

蔬菜类	莴笋、菠菜、西红柿、胡萝卜、油菜、小白菜、扁豆、蘑菇。
水果类	猕猴桃、橘子、草莓、樱桃、柠檬、海棠、梨。
其他类	猪肝、鸡肉、牛肉、羊肉、核桃、腰果、板栗、杏仁、黄豆。

维生素A

维生素A对视力、上皮组织及骨骼发育、精子生成和胎儿发育都是必需的。妊娠早期母血中维生素A浓度会下降，晚期上升，临产时又降低，产后又重上升，因此适当补维生素A是必要的。

◎ 富含维生素A的食物

蔬菜类	马齿菜、大白菜、荠菜、西红柿、茄子、南瓜、黄瓜、菠菜。
水果类	梨、苹果、枇杷、樱桃、香蕉、桂圆、杏子、荔枝、西瓜、甜瓜。
肉　类	猪肉、鸡肉、甲鱼、田螺、鲫鱼、白鲢。
其他类	鸡蛋、绿豆、核桃仁、大米。

水分

各类营养素在体内的吸收和运转都离不开水分。成人体内2/3的成分都是水，婴儿体内的水分可达到体重的70%～80%。孕期缺水会导致体内代谢失调，甚至代谢紊乱。

◎ 富含水分的食物

蔬菜类	西红柿、胡萝卜、黄瓜、冬瓜、大白菜、小白菜、茄子。
水果类	西瓜、甜瓜、李子、樱桃、葡萄、桃子、香蕉、橘子、苹果。
肉　类	猪肉、牛肉、羊肉、带鱼、鸡肉、黄鱼。
其他类	大米、牛奶、豆浆、鸭蛋、鸡蛋。

补维生素A

优孕食谱 红枣蒸南瓜

● 材料　老南瓜500克，红枣10粒
● 调料　白糖10克

做法

①将南瓜洗净，削去硬皮，去瓤后切成厚薄均匀的片；红枣泡发，洗净备用。②将南瓜片装入盘中，加入白糖拌匀，摆上红枣。③蒸锅上火，放入备好的南瓜，蒸约30分钟，至南瓜熟烂即可食用。

补维生素A

补锌

优孕食谱 麦芽香蕉

● 材料　香蕉150克，麦草汁320克
● 调料　麦芽糖5克，蜂蜜5克

做法

①香蕉去皮，切成大小均匀的小段，备用。②麦草汁、蜂蜜、麦芽糖放入碗中，调和均匀。③往调匀的汁中加入香蕉段，即可食用。

优孕食谱 香菜胡萝卜丝

● 材料　胡萝卜500克，香菜20克
● 调料　盐4克，味精2克，生抽8克，香油适量

做法

①胡萝卜洗净，切丝；香菜洗净，切段备用。②将胡萝卜丝放入开水中稍烫，捞出，沥干水分，放入容器。③将香菜加入胡萝卜丝，加盐、味精、生抽、香油搅拌均匀，装盘即可。

补锌

优孕食谱 萝卜豆腐煲

● 材料　豆腐50克，白萝卜150克，胡萝卜80克

● 调料　盐、香菜段适量，味精、香油各3克

做法

①将白萝卜、胡萝卜洗净，去皮切块；豆腐洗净，切成小丁备用。②炒锅上火倒入水，调入盐、味精，下入白萝卜块、胡萝卜块、豆腐丁煲至熟，淋入香油，撒香菜段即可。

补锌

补锌

优孕食谱 芋头烧白菜

● 材料　芋头150克，大白菜100克，三花奶5克，上汤500克

● 调料　盐、姜片、味精各4克，枸杞子适量

做法

①芋头去皮洗净，切块；白菜洗净切片；枸杞子洗净沥干。②锅中入油烧热，爆香姜片，注入上汤，下入芋头煮至九成熟时加入白菜同煮至熟，下入枸杞子、三花奶，调入盐、味精即可。

优孕食谱 炒五蔬

● 材料　胡萝卜片150克，荷兰豆100克，包菜100克，紫包菜少许，青甜椒2个

● 调料　盐、味精各适量

做法

①荷兰豆去头、尾、老筋，洗净；包菜、紫包菜、青甜椒均洗净切片。②锅中放油烧热，将胡萝卜片炒1分钟，再放入荷兰豆、包菜、紫包菜、青甜椒翻炒至熟，加盐、味精调味即可。

补锌

风味白萝卜皮

- ●材料 白萝卜500克，红辣椒1个
- ●调料 大蒜30克，生抽200克，陈醋300克，盐30克，白糖50克，葱花10克

做法

①白萝卜洗净取皮，切块，用盐腌渍2小时，再用水将盐冲净；蒜洗净，拍碎，与生抽、陈醋、盐、白糖拌匀，装坛，加凉开水，将洗净的萝卜皮放入泡1天，取出装盘。②红辣椒洗净，切粒；撒葱花、红辣椒粒即可。

补锌

土豆煲排骨

- ●材料 猪排骨400克，土豆、芥菜各150克
- ●调料 盐少许，味精、香菜段各3克，葱丝、姜丝各6克

做法

①将猪排骨洗净，切块、汆水；土豆去皮，洗净切滚刀块；芥菜洗净切好。②净锅上火倒入油，将葱丝、姜丝爆香，倒入水，调入盐、味精，放入排骨、土豆、芥菜，小火煲至成熟，撒入香菜即可。

补碘

燕麦花生包

- ●材料 低筋面粉、泡打粉、清水、干酵母、改良剂、燕麦粉各适量
- ●调料 花生馅适量，砂糖100克

做法

①低筋面粉、泡打粉过筛，与燕麦粉混合，加砂糖、酵母、改良剂、清水拌至糖溶化，再拌入面粉，搓团，包起约松弛20分钟。②面团分成每个30克的小团，压薄，包入花生馅，收紧口，蒸约8分钟即可。

补叶酸

芝麻菜心

● 材料　菜心300克，熟芝麻50克
● 调料　香油5克，盐3克，味精2克，姜10克，
　　　　酱油、醋红椒丝、葱白丝各适量

做法

①将菜心择洗干净，放入沸水锅内烫一下捞出，用凉开水过凉，沥干水，放入盘中。②姜洗净切末，放入碗中，加入盐、味精、酱油、醋、香油拌匀，浇在菜心上，撒上熟芝麻红椒丝、葱白丝即可。

补叶酸

补水分

玉米核桃粥

● 材料　核桃仁20克，玉米粒30克，大米
　　　　80克
● 调料　白糖3克，葱8克

做法

①大米泡发洗净；玉米粒、核桃仁均洗净；葱洗净，切成葱花。②锅置火上，倒入清水，放入大米、玉米煮开。③加入核桃仁同煮至浓稠状，调入白糖拌匀，撒上葱花即可。

清口龙井豆浆

● 材料　黄豆70克，龙井茶5克
● 调料　白糖适量

做法

①黄豆预先用水泡软，捞出洗净；龙井茶用开水泡好备用。②将黄豆放入全自动豆浆机中，添水搅打成豆浆，并煮沸。③将煮熟的黄豆浆过滤，加入龙井茶汤、白糖调匀即可。

孕3月（9~12周），妈妈再辛苦也要保证宝宝的营养

这一个月，我的身高和体重成倍地增长，身高已达8厘米左右，体重23克左右，性别特征也已明显，是帅哥还是美女，一眼就可以看出来。我还会通过脐带吸收氧气和营养。

还是吐得翻天覆地，情绪急剧变化，起伏不定，时而高兴，时而低沉。

※本月需要补充的关键营养素

镁

镁离子可以让受伤的细胞得以修复，让骨骼和牙齿生成更坚固，还能降低胆固醇含量以及促进胎儿的脑部发育。若孕妇体内含镁量太低，则容易引发子宫收缩，造成早产。

◎富含镁的食物

蔬菜类	紫菜、胡萝卜、菠菜、芥菜、黄花菜、豌豆、豇豆、豆腐、苋菜。
水果类	香蕉、杨桃、桂圆、红果、柠檬、橘子、葡萄。
肉 类	牛肉、猪肉、河鲜、虾米。
其他类	黄豆、黑豆、蚕豆、花生、核桃仁、蛋黄、牛奶。

钙

轻度缺钙时，机体会调动母体骨骼中的钙来保持血钙正常。严重缺钙时，孕妇容易腿抽筋，甚至引发骨软化症。母体缺乏钙会使胎儿出生后颅骨软化、骨缝宽、囟门闭合异常等。

◎富含钙的食物

蔬菜类	芹菜、油菜、胡萝卜、毛豆、扁豆、香菜、雪里蕻、黑木耳。
水果类	柠檬、枇杷、苹果、黑枣、哈密瓜、桑葚、木瓜。
肉 类	羊肉、猪脑、鸡肉、猪肉松。
其他类	鹌鹑蛋、松花蛋、鸡蛋、鸭蛋、黄豆、蚕豆、杏仁、南瓜子、芝麻、花生。

维生素E

维生素E易被氧化，在体内可保护其他可被氧化的物质，接触空气或紫外线照射则容易变质。维生素E是很重要的血管扩张剂和抗凝血剂，在食油、水果、蔬菜及粮食中均存在。

◎富含维生素E的食物

蔬菜类	白菜、菠菜、豌豆、羽衣甘蓝、红薯、山药、莴苣、包菜。
水果类	猕猴桃、苹果、樱桃、香蕉。
其他类	瘦肉、动物肝、核桃、芝麻、杏仁、榛子、葵花子。

维生素B_6

维生素B_6主要参与蛋白质代谢。人体摄取的蛋白质越多，对维生素B_6的需求量就越大。孕妈妈每天对维生素B_6的摄取量比非孕妇应增加0.4～0.6毫克，建议孕期每天摄取量为9毫克。

◎富含维生素B_6的食物

蔬菜类	胡萝卜、土豆、甘蓝菜、红薯。
水果类	鳄梨、香蕉、哈密瓜、枇杷。
肉 类	鸡肉、鱼、鸡肝、猪肝、鸭肉。
其他类	豌豆、黄豆、绿豆、葵花子、花生。

膳食纤维

膳食纤维能补充能量，促进肠蠕动，帮助孕妇增加水分的吸收，促进胆汁酸的排泄。孕晚期以后，孕妇易患有妊娠胆汁流程症，而胆汁酸排泄受阻则会导致全身发痒，引起宫内胎儿缺氧。

◎富含膳食纤维的食物

蔬菜类	牛蒡、胡萝卜、薯类、裙带菜、小白菜、白萝卜、空心菜。
水果类	草莓、苹果、鲜枣、李子、柑橘、桃子、西瓜。
豆 类	四季豆、红豆、豌豆、绿豆。
其他类	花生仁、黑芝麻、燕麦、小麦。

补镁

优写食谱 菠菜豆腐卷

● 材料 菠菜500克，豆腐皮150克，甜椒适量
● 调料 盐4克，味精2克，酱油8克

做法

①菠菜洗净，去须根；甜椒洗净，切丝；豆腐皮洗净备用。②将上述材料放入开水中稍烫，捞出，沥干水分；菠菜切碎，加盐、味精、酱油搅拌均匀。③将腌好的菠菜放在豆腐皮上，卷起来，均匀切段，放上甜椒丝即可。

补镁

补镁

优写食谱 黄花菜炒牛肉

● 材料 黄花菜150克，瘦牛肉200克
● 调料 姜丝、盐、酱油、淀粉、葱丝、胡椒粉各适量，干辣椒块少许

做法

①黄花菜浸水捞出；牛肉洗净切丝，加盐、酱油、胡椒粉拌匀。②油锅烧热，牛肉过油后捞出；炒锅上火，放入葱丝、姜丝、牛肉、黄花菜、干辣椒块和其他调味料翻炒至熟，加淀粉勾芡即可。

优写食谱 肉丁炒豇豆

● 材料 豇豆250克，猪肉200克
● 调料 盐3克，干红辣椒15克，鸡精2克，醋适量

做法

①豇豆去掉头尾洗净，切小段；猪肉洗净，切丁；干红辣椒洗净，切段。②热锅下油，放入干红辣椒爆香，放入猪肉略炒，再放入豇豆一起炒，加盐、鸡精、醋炒至入味，待熟时装盘即可。

补钙

优孕食谱 雪里蕻肉末

- **材料** 新鲜雪里蕻150克，肉100克
- **调料** 蒜末10克，干辣椒5克，盐4克，味精3克，白糖2克

做法

①猪肉洗净剁成末；蒜洗净切末；雪里蕻洗净切细，入沸水焯熟，再用水冲凉。②油下锅，炒散肉末，加蒜末、干辣椒炒香，再加入雪里蕻略炒至熟。③加盐、味精、白糖调味，起锅装盘即成。

补钙

补钙

优孕食谱 西芹拌草菇

- **材料** 西芹段、草菇各200克
- **调料** 盐4克，酱油8克，鸡精2克，胡椒粉3克，甜椒丝适量

做法

①草菇洗净，剖开。②西芹段、甜椒丝在开水中稍烫，捞出，沥干水分；草菇煮熟，捞出，沥干水分。③西芹段、甜椒丝、草菇放入一个容器，加盐、酱油、鸡精、胡椒粉搅拌均匀，装盘即可。

优孕食谱 芝麻拌芹菜

- **材料** 西芹500克，红辣椒2个，熟芝麻少许
- **调料** 盐、蒜末、味精、花椒油各适量

做法

①红辣椒洗净，去蒂，去籽，切圈，盛盘垫底用；西芹择洗干净，切片。②西芹入沸水中焯一下，冷却后装盘。③加入蒜末、花椒油、味精、盐和炒熟的芝麻，拌匀即可。

补维生素E

优孕食谱 黄焖鸭肝

- ●材料　鸭肝500克，鲜菇50克，清汤300克
- ●调料　酱油50克，熟猪油100克，白糖、甜面酱、葱段、姜片各适量

做法

①鸭肝洗净，氽水切条；鲜菇洗净，对切焯水。②油锅烧热，下白糖炒红，加清汤、酱油、葱、姜、鲜菇煸炒，制料汁。③将50克猪油入锅，烧至七成热，加甜面酱煸香，加鸭肝、清汤、料汁煨炖5分钟，去葱、姜，装盘即可。

补维生素E

补维生素B₆

优孕食谱 肘子煮白菜

- ●材料　肘子300克，大白菜500克，竹荪150克，虾米适量
- ●调料　葱末、盐、味精、姜末、高汤适量

做法

①大白菜洗净，去老叶；竹荪泡发洗净。②将大白菜用洗净的虾米、葱末、姜末腌入味，放入蒸笼中与肘子同蒸10分钟。③锅上火，倒入高汤，放入肘子、竹荪和大白菜，汤烧滚后至熟，调入盐、味精即可。

优孕食谱 鹌鹑蛋烧排骨

- ●材料　排骨500克，鹌鹑蛋12个，青、红椒圈各适量
- ●调料　八角、蒜片、老抽、盐各适量

做法

①排骨洗净，剁小段。②鹌鹑蛋煮熟，捞出去壳；排骨洗净，氽去血水。③起油锅，爆香八角，下入排骨、蒜片、青红椒、老抽，炒至上色后下入鹌鹑蛋炒匀，再加盐和水，煮至汁浓排骨熟时即可。

补维生素B₆

优孕食谱 羊肉炖黄豆

● **材料** 羊肉350克，黄豆150克
● **调料** 姜片、葱段各10克，干辣椒8克，
盐4克，鸡精4克

做法

①羊肉洗净，斩成段；黄豆洗净，泡发备用。②将羊肉、黄豆、姜片、葱段、干辣椒一起放入锅中置火上炖。③炖半小时至熟后，调入盐和鸡精即可。

补维生素B₆

补膳食纤维

优孕食谱 健脾三圆汤

● **材料** 熟鹌鹑蛋120克，话梅肉、桂圆肉、红枣各6颗
● **调料** 盐3克，冰糖4克

做法

①熟鹌鹑蛋去皮洗净，话梅肉、桂圆肉、红枣清理干净备用。②净锅上火倒入水，调入盐，下入熟鹌鹑蛋、话梅肉、桂圆肉、红枣烧开，调入冰糖煲至熟即可。

优孕食谱 白萝卜粉丝汤

● **材料** 豆苗10克，白萝卜100克，香菇30克，水发粉丝20克
● **调料** 高汤适量，盐少许

做法

①将白萝卜，香菇洗净，均切成丝；水发粉丝洗净切段；豆苗洗净备用。②净锅上火，倒入高汤，调入盐，下入白萝卜、香菇、水发粉丝、豆苗煲至熟即可。

孕4月（13～16周），吃好比吃饱重要

隔着妈妈的腹部能听见我的心跳，我也能感知妈妈的想法和情感。妈妈，我们可以进行交流了。

腹部开始变大，胃口和情绪都开始回归正常，妊娠斑越发明显。

※本月需要补充的关键营养素

维生素D

维生素D是类固醇的衍生物，具有抗佝偻病作用，被称之为"抗佝偻病维生素"。维生素D可增加钙和磷在肠内的吸收，是调节钙和磷的正常代谢所必需的物质，对骨、齿的形成极为重要。

◎富含维生素D的食物

蔬菜类	海带、菜心、红薯。
水果类	草莓、猕猴桃、柠檬。
肉 类	海鱼、鳝鱼、金枪鱼、瘦肉、动物肝脏、鱼肝。
其他类	核桃、腰果、开心果、白果、牛奶、黑豆、蚕豆、豌豆、鸡蛋。

DHA

DHA是多价不饱和脂肪酸，为胎儿脑神经细胞发育所必需，和胆碱、磷脂一样，都是构成大脑皮质神经膜的重要物质，能维护大脑细胞膜的完整性，促进大脑发育，提高记忆力。

◎富含DHA的食物

蔬菜类	马齿苋、花菜、菠菜、红薯。
水果类	金枪鱼、鳕鱼、青鱼、刀鱼、黄花鱼、秋刀鱼、虾。
豆 类	大豆、豆腐。
其他类	核桃仁、松子仁、杏仁、花生、芝麻。

钙

钙是对孕妈妈和宝宝都极其重要的一种营养素，能预防孕妈妈出现抽筋等症状，也能够预防宝宝出生后出现颅骨软化、骨缝宽、囟门闭合异常等症状，有助于妈妈健康和宝宝成长。

◎富含钙的食物

蔬菜类	黄豆芽、萝卜缨、茶树菇、雪里蕻、黑木耳、蘑菇、油菜。
水果类	柠檬、枇杷、苹果、黑枣、桑葚、木瓜。
其他类	羊肉、猪脑、银鱼、鸡蛋、杏仁、南瓜子、毛豆、扁豆。

蛋白质

蛋白质可以保证胎儿、胎盘、子宫、乳房的发育，还能满足母体血液容积量增加所需的营养。适当补充蛋白质，还能防治贫血，对胎儿和孕妇都有很好的作用。

◎富含蛋白质的食物

蔬菜类	冬瓜、黄瓜、丝瓜、白萝卜、绿豆芽、菠菜、花菜、芦笋。
水果类	柠檬、枇杷、苹果、黑枣、梨、无花果。
肉　类	猪肉、牛肉、羊肉、鸡肉、鹌鹑、鸽肉、鱼肉、海参。
其他类	牛奶、鸡蛋、青豆、黑豆、黄豆、芝麻、核桃、杏仁。

水分

在整个孕期，孕妈妈每天都会通过尿液、皮肤蒸发、呼吸、粪便排出大量水分。如果缺水，就可能会导致体内的代谢失调，甚至代谢紊乱，因而引起疾病，不利于宝宝的健康。

◎富含水分的食物

蔬菜类	黄瓜、生菜、芹菜、西红柿、青椒、花菜、菠菜、西蓝花。
水果类	西瓜、杨桃、草莓、哈密瓜、柠檬、西柚、苹果。
肉　类	猪肉、牛肉、羊肉、海参、鳝鱼、黄鱼、鸡肉。
其他类	大米、牛奶、豆浆、鸡蛋。

补水分

养生干果豆浆

- **材料** 黄豆40克，腰果25克，莲子、板栗、薏米
- **调料** 冰糖适量

做法

①黄豆、薏米分别浸泡至软，捞出洗净；腰果洗净，板栗去皮洗净，莲子去心洗净，均泡软。②将黄豆、腰果、莲子、板栗、薏米放入豆浆机中，添水搅打成豆浆，煮沸后加入冰糖拌匀即可。

补维生素D

补维生素D

腰果花生米糊

- **材料** 大米100克，腰果、花生仁各25克
- **调料** 清水适量

做法

①大米洗净，浸泡；花生仁、腰果洗净。②将所有材料放入豆浆机中，添加适量清水，按下"粉糊"键，待糊成，煮熟装碗即可。

豉汁烧白鳝

- **材料** 白鳝1条，葱1根，姜10克，红椒丁20克
- **调料** 盐5克，味精2克，豆豉20克

做法

①白鳝宰杀洗净，切成2厘米长的段；葱择洗净切末；姜洗净去皮切末。②将白鳝放入盛器中，调入葱末、姜末、豆豉、盐、味精、红椒丁腌渍入味。③装腌好的白鳝放入盘中，入蒸锅中蒸10分钟至熟即可。

补DHA

🏵优孕食谱 雪蛤炖乳鸽

● **材料** 乳鸽1只，猪肉片、雪蛤各200克，红枣20克

● **调料** 盐适量

做法

① 将乳鸽收拾干净，与猪瘦肉片一起氽水；雪蛤用水泡发；红枣洗净备用。② 将所有原材料放入炖盅，加入盐调味，入蒸锅炖3小时即可。

补DHA

补水分

🏵优孕食谱 金针菇金枪鱼汤

● **材料** 金枪鱼肉150克，金针菇150克，西蓝花75克，天花粉15克，知母10克

● **调料** 姜丝5克，盐2小匙

做法

① 天花粉、知母洗净，放入棉布袋；鱼肉、金针菇、西蓝花洗净，金针菇和西蓝花剥成小朵备用。② 清水注入锅中，放棉布袋和全部材料煮沸至熟。③ 取出棉布袋，放入姜丝和盐调味即可。

🏵优孕食谱 鲜虾煲西蓝花

● **材料** 鲜虾200克，西蓝花125克，水发粉丝20克

● **调料** 盐4克，香油2克

做法

① 将鲜虾洗净；西蓝花洗净，掰成小朵；水发粉丝洗净，切段备用。② 净锅上火倒入水，调入盐，下入鲜虾、西蓝花、水发粉丝煲至熟，淋入香油即可。

补DHA

砂锅虾酱空心菜

- **材料** 空心菜500克，虾酱5克
- **调料** 蒜5瓣，姜5克，盐2克，白糖3克

做法

①空心菜去根去叶洗净，留梗切长段；姜去皮，洗净切丝；蒜剥去皮，洗净切粒。②砂锅上火烧热，放入油，加入蒜粒、姜丝、虾酱炒香。③放进洗净的空心菜梗，翻炒至空心菜熟，调入盐、白糖，拌匀即可出锅。

补DHA

灵芝核桃乳鸽汤

- **材料** 党参20克，核桃仁80克，灵芝40克，乳鸽1只，蜜枣6颗
- **调料** 盐适量

做法

①将核桃仁、党参、灵芝、蜜枣分别用水洗净，备用。②将乳鸽去内脏，洗净，斩件。③锅中加水，大火烧开，放入准备好的材料，改用小火续煲3小时，加盐调味即可。

补蛋白质

双耳炒芹菜

- **材料** 木耳、银耳、芹菜段、胡萝卜、黑芝麻、白芝麻各适量
- **调料** 盐、白糖、香油各适量

做法

①木耳、银耳温水泡开；胡萝卜洗净，切花片。上述材料皆以开水汆烫捞起备用。②将黑、白芝麻洗净，香油爆香，再放入芹菜段、胡萝卜、银耳、黑木耳炒熟，最后加入盐、糖调味即可。

补蛋白质

优孕食谱 胡萝卜炒肉丝

● **材料** 胡萝卜、猪肉各300克
● **调料** 料酒10克，味精3克，酱油、葱
花、姜末、盐各4克，白糖适量

做法

①胡萝卜洗净，去皮切丝；猪肉洗净切丝。②锅烧热，下肉丝炒香，再调入料酒、酱油、盐、白糖，加入葱花和姜末，炒至肉熟。③最后加入胡萝卜丝炒至入味，调入味精即可。

补钙

补钙

优孕食谱 海味蒸水蛋

● **材料** 鸡蛋2个，皮蛋1个，虾少许
● **调料** 盐3克，酱油10克，葱少许

做法

①鸡蛋打散，加入盐，再加少许温水搅匀，放入蒸锅中；皮蛋去壳洗净，均匀切成五瓣；虾收拾干净，用沸水汆熟；葱洗净，切成葱花。②鸡蛋蒸至六成熟时，放上皮蛋、虾，再蒸至熟。③取出撒上葱花，淋上酱油即可。

优孕食谱 双笋炒猪肚

● **材料** 小竹笋、芦笋各150克，猪肚200克
● **调料** 盐3克，味精2克

做法

①小竹笋、芦笋分别洗净，切成斜段，分别入锅焯水；猪肚洗净，放入清水锅中煮熟，捞起切条。②油烧热，下入猪肚炒至舒展后，再加入双笋炒至熟透，加盐、味精调味。

孕5月（17～20周），宝宝能听到声音了

我的鼻子、耳朵、眉毛、眼睑开始发育，大脑发育加速，并开始吮吸手指和活动身体。

腹部变大、乳房胀大，下肢开始出现水肿，要多运动才行。

※ 本月需要补充的关键营养素

脂肪

脂肪是构成组织的重要营养物质，占脑重量的50％～60％，主要供给人体热能，是人类膳食中不可缺少的营养素。脂肪的营养价值与它所含的脂肪酸种类有关。

◎富含脂肪的食物

蔬菜类	黑木耳、西蓝花、蒜薹、黄豆芽。
水果类	桑葚、葡萄、杨桃。
肉类	肥肉、猪肘、猪蹄、鸭肉、鸭肝、牛肚、鸡腿。
其他类	扁豆、花生、核桃、果仁、芝麻、松子。

维生素A

缺乏维生素A容易导致流产、胚胎发育不良和生长缓慢，因为维生素A能促进机体的生长以及骨骼发育，而且是促进脑发育的重要物质，对胎宝宝的成长有重要作用。

◎富含维生素A的食物

蔬菜类	胡萝卜、菠菜、豌豆苗等黄绿色蔬菜。
水果类	芒果、柿子、杏。
肉类	动物肝脏、新鲜鱼肉、螃蟹、鳝鱼、鲫鱼。
其他类	绿豆、核桃仁。

铁

铁是制造血红素和肌血球素的主要物质，是促进B族维生素代谢的必要物质。孕妇身体里的血液量会比平时增加将近50%，需要补铁以制造更多的血红蛋白，特别是在孕中期和孕晚期。

◎ 富含铁的食物

蔬菜类	菠菜、蘑菇、黑木耳、紫菜、海带、芹菜。
水果类	樱桃、桃子、菠萝、李子、橘子、红枣、香蕉。
其他类	瘦肉、家禽、动物肝及血、大豆、蛋黄。

钙

钙是构成骨骼、牙齿的主要成分。孕妈妈适当补钙能帮助血液凝结，活化体内某些酶，还能维持神经传导，调节心率，促进铁代谢。

◎ 富含钙的食物

蔬菜类	西蓝花、芥兰、苋菜、菠菜、胡萝卜、香菇、木耳、豆腐、小白菜。
水果类	无花果、石榴、葡萄。
肉类	猪肉、鸡肉、深海鱼鱼肉、泥鳅、蚌、螺、虾皮。
其他类	山楂、花生、核桃仁、芝麻。

氟

氟是牙齿与骨骼的主要成分。孕妈妈适当补氟，对腹中胎儿的生长发育有益，有利于促进胎儿的骨骼、牙齿发育。

◎ 富含氟的食物

蔬菜类	土豆、菠菜、白菜、海带、莴苣。
水果类	苹果、香蕉。
肉类	猪肉、牛肉、鳕鱼、鲑鱼、虾、海蜇、沙丁鱼。
其他类	牛奶、鸡蛋、小麦、大豆。

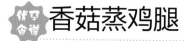 ## 香菇蒸鸡腿

- **材料** 鸡腿300克，香菇30克
- **调料** 葱段15克，盐3克，酱油、糖、料酒各适量

做法

①鸡腿洗净，切成块；葱洗净，切段；香菇泡软，去蒂。②鸡腿、香菇、葱段均放入蒸碗中，加入酱油、糖、料酒、盐拌匀后，放入电饭锅中，外锅加适量水，蒸熟取出即可。

芡莲牛肚煲

- **材料** 牛肚400克，芡实100克，莲子50克
- **调料** 盐少许，味精3克，葱5克

做法

①将牛肚洗净切片，汆水；芡实洗净；莲子浸泡洗净；葱洗净切段。②炒锅上火倒入花生油，将葱爆香，倒入水，下入牛肚、芡实、莲子，调入盐、味精，小火煲至熟即可。

凉拌杏仁

- **材料** 胡萝卜、黄瓜、杏仁各适量
- **调料** 盐3克

做法

①黄瓜洗净，切花；胡萝卜洗净，切丁；杏仁洗净。②净锅上水烧开，下胡萝卜、杏仁焯熟，捞起沥水。③加盐拌匀后放入盘中，摆上黄瓜即可。

补脂肪

 **四季豆炒鸡蛋**

● **材料** 四季豆200克，鸡蛋4个，红辣椒1个
● **调料** 盐4克，味精3克，香油适量

做法

①将四季豆去除头尾后，洗净，切成菱形块；红辣椒洗净，切菱形块；鸡蛋打入碗中，搅匀。②锅中水烧开，放入四季豆焯烫至熟，捞起。③锅中油烧热，将打好的鸡蛋汁倒入锅中，炒成鸡蛋花，再下入四季豆、红辣椒，调入盐、味精、香油，炒匀。

补钙

补维生素A

包菜炒螺片

● **材料** 海螺250克，包菜200克
● **调料** 盐3克，鸡精5克

做法

①海螺去壳，取肉洗净，切片；包菜洗净，掰成菜瓣。②锅内注水烧沸，下包菜焯熟，捞出备用。③另起油锅，放入海螺肉炒至九成熟，加入包菜，调入盐、鸡精炒至入味，即可装盘。

绿豆红薯豆浆

● **材料** 黄豆45克，绿豆20克，红薯30克

做法

①黄豆、绿豆洗净，泡软；红薯去皮，洗净，切小块。②将所有原材料放入豆浆机中，添水搅打成豆浆，烧沸后滤出即可。

蜜枣胡萝卜汁

● **材料** 枸杞子10克，胡萝卜20克，蜜枣2粒，砂糖适量

做法

①枸杞子洗净；胡萝卜洗净，去皮切丝；蜜枣冲净，去籽备用。②全部材料倒锅中，加水煮至水量剩约一半熄火，冷却后倒入搅拌机内，加温开水、砂糖搅打成汁。

鲜果沙拉

● **材料** 黄瓜、西红柿、苹果各50克
● **调料** 沙拉酱、奶昔各适量

做法

①黄瓜洗净切块；苹果去皮去核，洗净切块；西红柿洗净，切成块。②将黄瓜、苹果、西红柿放入盘中，加奶昔拌匀。③撒上沙拉酱即可。

荠菜百叶卷

● **材料** 薄百叶1张，荠菜500克
● **调料** 盐3克，鸡精粉10克，香油15克

做法

①荠菜洗净；洗净的荠菜入沸水氽烫，捞出冲凉水，挤干水分后切成粒。②荠菜加盐、鸡精粉拌均匀，淋入香油；取薄百叶1张，铺平，加入拌均匀的荠菜，卷成圆形长条。③将卷好的圆形长条放入盘中，蒸10分钟后，放入冰箱中置2小时，装盘。

补氟

凉拌海蜇丝

- **材料** 海蜇200克，熟芝麻、红椒各少许
- **调料** 盐3克，味精1克，醋8克，生抽10克，香油适量

做法

①海蜇洗净切丝；红椒洗净，切丝。②锅内注水烧沸，放入海蜇汆熟后，捞出沥干放凉并装入碗中。③向碗中加入盐、味精、醋、生抽、香油拌匀后，撒上熟芝麻与红椒丝，再倒入盘中即可。

补氟

醋渍大豆

- **材料** 黄豆300克
- **调料** 红糖10克，白醋5克

做法

①黄豆洗净，泡水8小时备用。②黄豆放入碗中，移入蒸笼，中火蒸1小时。③红糖放入锅中，加半碗水，中火煮沸后放入黄豆，待水快收干时，加入醋即可。

补铁

红枣鸭子

- **材料** 肥鸭、猪骨各500克，红枣适量，水豆粉少许
- **调料** 清汤、白糖、冰糖汁、盐、料酒各适量

做法

①鸭洗净，焯水捞出，用料酒抹匀，炸至微黄，沥油后切条。②锅置入清汤、猪骨垫底，入炸鸭煮沸，下白糖、冰糖汁、盐小火煮。③至七成熟时放入洗净的红枣，待鸭熟时捞出；用水豆粉将原汁勾芡，淋遍鸭身。

孕6月（21～24周），微型宝宝发育成熟了

我的运动能力提高了，骨骼也进一步发育。我对外部声音更加敏感，而且能够很快熟悉经常听到的声音。

肚脐突出，胎动更加清楚，双腿水肿，足、背及内、外踝部水肿。

※本月需要补充的关键营养素

铁

孕妈妈多吃些富含铁的食物可以防止出现孕妇贫血的症状，因为孕妈妈在怀孕期间身体会更有效而快速地吸收铁，所以孕妈妈要注意从日常饮食中摄入和补充足够的铁元素。

◎富含铁的食物

蔬菜类	菠菜、荠菜、马齿苋、西红柿、海带、包心菜、豆腐干。
水果类	樱桃、桃子、李子、葡萄。
肉类	瘦肉、家禽、鸡肝、猪血。
其他类	核桃、芝麻、西瓜子、大豆。

碳水化合物

碳水化合物的作用是维持孕妈妈的血糖平衡。作为宝宝能量的主要来源，碳水化合物也是宝宝新陈代谢的主要营养素，所以孕妈妈在孕期需要保证摄入足够的碳水化合物。

◎富含碳水化合物的食物

蔬菜类	土豆、红薯。
水果类	甘蔗、甜瓜、西瓜、香蕉、葡萄。
肉类	猪蹄、猪肚。
其他类	腰果、花生、栗子、玉米、大麦、燕麦、高粱。

蛋白质

蛋白质是造就躯体的原料之一，人体的每个组织——大脑、血液、肌肉、骨骼、神经系统等的形成都离不开蛋白质。蛋白质还可以用于维持胎宝宝的正常代谢以及形成抗体。

◎富含蛋白质的食物

蔬菜类	黄花菜、土豆、芋头。
肉类	牛肉、羊肉、猪肉、鸡肉、鸭肉、鹅肉。
其他类	黄豆、大青豆、黑豆、豌豆、芝麻、瓜子、核桃、杏仁、松子、桃子。

脂肪

孕妈妈需要在孕期为胎宝宝的发育储备足够的脂肪，如果缺乏脂肪，孕妈妈就可能会发生脂溶性维生素缺乏症，引起肝脏、神经等多种疾病。

◎富含脂肪的食物

蔬菜类	黑木耳、西蓝花、蒜薹、黄豆芽、黄豆、四季豆、牛肝菌。
水果类	桑葚、葡萄、杨桃。
肉类	肥肉、动物内脏、动物类皮肉。
其他类	扁豆、花生、核桃、果仁、芝麻。

B族维生素

B族维生素是孕妈妈在孕期所必需的营养素，只有足够的供给才能满足机体的需要。孕期妈妈如果缺乏B族维生素，就会导致胎宝宝出现精神障碍，出生后易有哭闹、烦躁不安等症状。

◎富含B族维生素的食物

蔬菜类	土豆、胡萝卜。
水果类	草莓、香蕉。
肉类	猪肝、猪心、羊肝、牛肉、鱼肉。
其他类	核桃、花生、玉米、乳酪、牛奶、大豆。

补铁

霸王花猪肺汤

- **材料** 霸王花（干品）50克，猪肺750克，瘦肉300克，红枣3颗，南北杏10克
- **调料** 盐4克，姜片适量

做法

①霸王花浸泡1小时；红枣洗净。②猪肺收拾干净切块，汆水；锅入油烧热，爆香姜片，再将猪肺干爆5分钟，盛出备用；瘦肉洗净，切块汆水；南北杏洗净。③瓦煲内加入所有原材料和适量水，大火煲滚后改用小火煲3小时，加盐调味。

补脂肪

补脂肪

茭白金针菇

- **材料** 茭白350克，金针菇150克，水发木耳50克
- **调料** 姜丝3克，辣椒、白糖、香菜段、盐各适量

做法

①茭白洗净切丝，入沸水中焯烫；金针菇洗净，入沸水中焯烫；辣椒洗净切细丝；木耳洗净切细丝。②爆香姜丝、辣椒丝，放入茭白、金针菇、木耳炒熟，最后加盐、白糖调味，放入香菜段即可。

碧绿牛肝菌

- **材料** 牛肝菌100克，青椒、红椒各50克
- **调料** 盐3克，味精1克

做法

①牛肝菌洗净，入沸水煮15分钟捞出沥干切片；青椒、红椒去籽，洗净切块。②炒锅倒油烧热，放入牛肝菌、青椒、红椒翻炒。③调入盐、味精，炒至牛肝菌熟透即可。

补蛋白质

优孕食谱 豆苗煮芋头

- **材料** 芋头300克，豆苗150克
- **调料** 盐4克，味精3克，生姜适量

做法

①芋头去皮，洗净切块；豆苗洗净；生姜洗切净丝。②锅中注入清水，下入芋头煮熟。③再下入豆苗烧沸，加入盐、味精、姜丝调味，即可食用。

补B族维生素

补碳水化合物

优孕食谱 豆筋红烧肉

- **材料** 五花肉400克，豆筋150克
- **调料** 盐3克，葱10克，酱油、醋、绍酒各适量

做法

①五花肉洗净，切块；豆筋洗净切块；葱洗净，切成葱花。②五花肉焯水，捞出沥干。③起油锅，放入五花肉炒至出油，再放入豆筋一起炒，加盐、酱油、醋、绍酒炒匀，加适量清水，煮熟盛盘，撒上葱花即可。

优孕食谱 板栗烧鸡杂

- **材料** 鸡心、鸡肠、鸡胗、板栗各100克
- **调料** 盐、料酒、酱油、青红椒圈各适量

做法

①鸡心洗净，在顶部切花刀；鸡肠洗净，切段；鸡胗洗净，切花刀；板栗煮熟，去壳、皮。②油锅烧热，入青、红椒圈爆香，下鸡杂翻炒，烹料酒、盐、酱油，下板栗同炒至熟，加清水烧开，收汁即可。

孕7月（25～28周），这个月要多跟宝宝说话

我的大脑功能趋于完善，已能自己转换方向，并开始具有控制身体的各项功能，且能通过大脑感知光线的明暗。

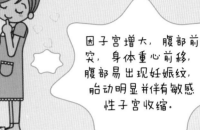

因子宫增大，腹部前突，身体重心前移，腹部易出现妊娠纹，胎动明显并伴有敏感性子宫收缩。

※本月需要补充的关键营养素

维生素B_1

维生素B_1是人体能量代谢，特别是糖代谢所必需的成分，故人体对维生素B_1的需要量通常与摄取的热量有关。当人体的能量主要来源于糖类时，对维生素B_1的需要量最大。

◎富含维生素B_1的食物

蔬菜类	芹菜、莴笋。
水果类	橘子、香蕉、葡萄、梨。
肉类	猪腿肉、里脊肉、火腿、鸡肝。
其他类	花生、核桃、栗子、芝麻、大豆。

卵磷脂

人体脑细胞约有150亿个，其中70%早在母体中就已经形成。胎儿在生长发育过程中，补充足够的卵磷脂可以促进神经系统与脑容积的增长、发育。

◎富含卵磷脂的食物

蔬菜类	蘑菇、山药、黑木耳。
肉类	鱼头、鳗鱼、动物肝脏。
豆类	大豆。
干果	芝麻、瓜子。

补维生素 B₁

优孕食谱 雪梨豆浆

● **材料** 雪梨1个，黄豆60克，白糖5克

做法

① 雪梨洗净去皮去核，切成小碎丁；黄豆加水泡至发软，捞出洗净。② 将上述材料放入豆浆机中，添水搅打成豆浆，煮沸后滤出雪梨豆浆，趁热加入白糖拌匀即可。

补维生素 B₁

优孕食谱 西芹炒白果

● **材料** 西芹500，白果50克，百合300克
● **调料** 姜片5克，伊面200克，盐4克，鸡精2克，葱段5克，淀粉10克，味精5克

做法

① 西芹、百合切好洗净；伊面用开水煮熟，沾上淀粉，油炸成雀巢状。② 姜葱爆香，倒入西芹、百合、白果同炒，再加入盐、鸡精调味。③ 将炒好的西芹、百合装入雀巢，将白果摆放在上面。

补维生素 B₁

优孕食谱 白灼芥蓝

● **材料** 芥蓝300克，白萝卜、胡萝卜、红椒各少许
● **调料** 盐3克，味精2克，酱油、香油各10克

做法

① 芥蓝去尾洗净；白萝卜、胡萝卜、红椒洗净，切丝后稍焯水。② 将芥蓝放入开水中焯熟，捞起沥水，装盘。③ 用盐、味精、酱油、香油调成味汁，均匀淋在芥蓝上，撒上白萝卜丝、胡萝卜丝、红椒丝即可。

补维生素B₁

腰果花生仁

● **材料** 花生米200克，腰果、红椒、青椒各适量
● **调料** 盐3克，醋15克，香菜少许

做法

①花生、腰果均洗净；红、青椒洗净切丝；香菜洗净切段。②油锅烧热，下花生米、腰果炸熟，捞出沥油，装盘。③加盐、醋拌匀，撒上红椒丝、青椒丝和香菜段即可。

补维生素B₁

补维生素B₁

滑熘里脊

● **材料** 里脊肉300克，莴笋、圣女果各适量
● **调料** 盐3克，辣椒油、水淀粉各适量

做法

①里脊肉洗净，切块；莴笋去皮洗净，切片，入沸水中焯熟，捞出沥干备用；圣女果洗净，对半切开。②将里脊肉与盐、水淀粉拌匀，入油锅炸至快熟时倒入辣椒油炒匀，起锅盛盘。③将备好的莴笋片、圣女果摆盘即可。

豌豆香肘子

● **材料** 猪肘子400克，豌豆30克
● **调料** 盐3克，老抽、料酒、辣椒油、干辣椒各适量

做法

①猪肘子收拾干净，汆水后沥干；豌豆洗净；干辣椒洗净，切段。②油锅烧热，加干辣椒爆炒，下肘子拌炒，再放入豌豆及其他调味料翻炒。③炒锅注水焖至熟，至汤汁收浓即可。

补维生素B₁

 **火腿鸡丝面**

●材料　阳春面250克，鸡肉200克，火腿4
　　　　片，韭菜花200克
●调料　酱油、淀粉、盐、高汤各适量

做法

①火腿切丝；韭菜花洗净切段。②鸡肉洗净切丝，加酱油、淀粉腌10分钟。③韭菜花稍炒后，再加火腿、鸡肉丝拌炒，放入盐调味。④高汤烧开，将面条煮熟，再码上炒好的材料即可。

补卵磷脂

补卵磷脂

芝麻枣包

●材料　低筋面粉500克，砂糖100克，干酵
　　　　母4克
●调料　麻蓉馅200克

做法

①低筋面粉开窝，中间加入糖、酵母、水拌至糖溶化。②将面粉拌入搓匀，搓至面团纯滑，用保鲜膜包好，静置15分钟。③将面团擀薄成面皮，将麻蓉馅包入，口收捏紧。④排入蒸笼蒸熟，凉冻后炸至浅金黄色。

蝉花熟地猪肝汤

●材料　蝉花10克，熟地12克，猪肝180
　　　　克，红枣6个
●调料　盐4克，姜、淀粉、胡椒粉、香油
　　　　各适量

做法

①蝉花、熟地、红枣洗净；猪肝洗净，切薄片，加淀粉、胡椒粉、香油腌渍片刻；姜洗净去皮，切片。②将蝉花、熟地、红枣、姜片放入瓦煲内，注入适量清水，大火煲沸后改为中火煲约2小时，放入猪肝滚熟。③放入盐调味即可。

孕8月（29～32周），宝宝的性格会在这个月体现

我的活动比较频繁，有时我会用小手、小脚在妈妈的腹中又踢又打，也有时我相对比较安静，并且我的性格在此时已有所显现。

我会感到很容易疲劳，脚肿、痔疮、静脉曲张等症状也日趋明显。

※本月需要补充的关键营养素

α－亚麻酸

α－亚麻酸能提高胎儿、婴儿的大脑发育和脑神经功能，增强脑细胞的信息功能，促进人脑正常发育。若孕妇体内α－亚麻酸足量，则胎儿的脑神经细胞发育的数量多，功能强。

◎富含α－亚麻酸的食物

肉类	深海鱼。
干果类	葵花子、核桃仁、松子仁、杏仁、腰果、花生仁。

碳水化合物

我们每天所吃的主食是碳水化合物的主要摄入源，是胎宝宝新陈代谢所必需的营养素，用于维持胎宝宝呼吸。因此，孕妈妈必须摄入足够的碳水化合物，保持血糖水平正常，以免影响胎宝宝的代谢，妨碍其正常生长。

◎富含碳水化合物的食物

蔬菜类	土豆、芋头、山药。
水果类	甘蔗、甜瓜、西瓜、香蕉、葡萄。
肉类	猪肉、鸡肉、羊肝。
其他类	玉米、大麦、燕麦、腰果、花生、栗子、高粱。

补α—亚麻酸

优孕食谱 杏仁大米豆浆

● 材料 杏仁15克，大米、黄豆各30克
● 调料 白糖适量

做法

①黄豆用水泡软并洗净；大米淘洗干净备用；杏仁略泡并洗净。②将上述材料放入豆浆机中，加适量清水搅打成豆浆，并煮熟。③过滤后，加入适量白糖调匀即可。

补α—亚麻酸

优孕食谱 芹菜拌花生仁

● 材料 芹菜250克，花生仁200克
● 调料 芝麻酱适量，盐3克，味精1克

做法

①芹菜洗净，切碎，入沸水锅中焯水，沥干，装盘；花生仁洗净，沥干。②炒锅注入适量油烧热，下入花生仁炸至表皮泛红色后捞出，沥油，倒在芹菜中。③加入盐和味精搅拌均匀，再加入芝麻酱即可。

补α—亚麻酸

优孕食谱 河塘鲈鱼

● 材料 鲈鱼400克，油菜50克
● 调料 盐3克，味精1克，醋8克，生抽12克，红椒少许

做法

①鲈鱼洗净，切片；油菜洗净，去叶留梗，用沸水焯一下；红椒洗净，切丝。②鲈鱼片滑炒至变色，注水焖煮。③煮至熟后，加入盐、醋、生抽、红椒炒匀入味，加味精调味，起锅装盘，以油菜围边。

补α−亚麻酸

优孕食谱 杏仁猪肉汤

- 材料　杏仁100克，猪肉50克，白果20克
- 调料　高汤适量，盐3克，姜片3克，葱花适量

做法

①杏仁洗净；猪肉洗净切丁；白果洗净备用。②净锅上火倒入高汤，下入姜片、杏仁、猪肉、白果，调入盐，煲至熟，撒葱花即可。

补碳水化合物

补碳水化合物

优孕食谱 香蕉柳橙汁

- 材料　香蕉1根，柳橙1个，冷开水100克

做法

①柳橙洗净，去皮，切半，榨汁；香蕉去皮，切段。②把柳橙汁、香蕉、冷开水放入榨汁机中，搅打均匀即可。

优孕食谱 椰奶山药

- 材料　山药300克，椰奶20克
- 调料　白糖5克，蜂蜜3克，枸杞子少许

做法

①山药洗净，去皮，切成长块，用沸水焯熟，捞出排于盘中。②枸杞子洗净，用热水焯过后待用。③将白糖、蜂蜜、椰奶调匀，浇在山药上，再撒上枸杞子即可。

补碳水化合物

优孕食谱 菜心青豆

- ●材料　菜心250克，泡椒20克，青豆100克，柠檬10克
- ●调料　盐2克，红椒、香油各适量

做法

①菜心洗净，切碎；青豆洗净；红椒洗净切圈；泡椒切圈；柠檬洗净，对半切开，装盘。②菜心、青豆、红椒入沸水中焯熟，沥干放入拌盘中。③盘中加盐、香油、泡椒拌匀，装入放柠檬的盘。

补碳水化合物

优孕食谱 家常红烧肉

- ●材料　猪肉300克，蒜苗15克
- ●调料　盐4克，老抽15克，干椒段20克，姜、蒜各适量

做法

①猪肉洗净，切方形块；蒜苗洗净切段；姜洗净切片；蒜洗净拍破。②将猪肉块放入锅中炒出油，加入老抽、干椒段、姜片、蒜和适量清水煮开。③倒入砂锅中炖2小时收汁，放入蒜苗，加盐调味即可。

补碳水化合物

优孕食谱 香菜芋头包

- ●材料　面粉500克，熟芋头250克，糖100克，香菜段20克，酵母适量
- ●调料　奶粉、奶油各40克

做法

①面粉开窝，中间加入糖、酵母、奶粉。②将水加入，拌至糖溶化。③将面粉拌入，搓至面团纯滑，用保鲜膜包起，静置15分钟。④将大面团分切成小面团压薄。⑤香菜段、熟芋头都切碎，与奶油、糖拌匀。⑥用面皮包入馅料，捏包成雀笼状，蒸约8分钟。

孕9月（33～36周），宝宝已具备生存能力

我的生长发育相当快，除了肺部之外，其他器官的发育都基本上接近尾声。为了活动肺部，我会通过吞吐羊水的方法进行呼吸练习。

此阶段我感到很疲劳，休息不好，行动更加不便，因胃部不适，食欲也有所下降，阴道分泌物增多，排尿次数也增多。

※本月需要补充的关键营养素

膳食纤维

膳食纤维一般是不易被消化的食物营养素，它有利于帮助孕妈妈增强肠道蠕动，减少有害物质对肠道壁的侵害，能减少便秘及其他肠道疾病的发生概率，并能增强食欲。

◎富含膳食纤维的食物

蔬菜类	牛蒡、胡萝卜、薯类、裙带菜、小白菜、四季豆、白萝卜、空心菜、黄瓜。
水果类	草莓、苹果、鲜枣。
肉类	鱼肉。
其他类	红豆、豌豆、花生仁、黑芝麻、燕麦。

维生素B₁

维生素B_1是人体能量代谢，特别是糖代谢所必需的成分，故人体对维生素B_1的需要量通常与摄取的热量有关。当人体的能量主要来源于糖类时，维生素B_1的需要量最大。

◎富含维生素B_1的食物

蔬菜类	芹菜、莴笋。
水果类	橘子、香蕉、葡萄、梨。
肉类	猪腿肉、里脊肉、火腿、鸡肝。
其他类	大豆、花生、核桃、栗子、芝麻。

铁

铁是维持生命的主要物质，是制造血红素和肌血球素的主要物质，是促进B族维生素代谢的必要物质。孕妇需要补铁来供应正在发育的胎宝宝和胎盘，特别是在孕中期和孕晚期，更需补铁。

◎富含铁的食物

蔬菜类	蘑菇、黑木耳、紫菜、海带。
肉类	猪肉、猪血、鸡肉、瘦肉。
其他类	大豆、花生、芝麻、樱桃、桃子、菠萝。

钙

轻度缺钙时，机体会调动母体骨骼中的钙来保持血钙的正常。严重缺钙时，孕妇会出现腿抽筋的现象，甚至引起骨软化症。此外，母体缺乏钙还会对胎儿的生长发育产生不良影响。

◎富含钙的食物

蔬菜类	芹菜、油菜、胡萝卜、西葫芦、香菜、雪里蕻、黑木耳。
水果类	柠檬、枇杷、苹果、黑枣、菠萝。
豆类类	黄豆、毛豆、扁豆、蚕豆、豆腐、豆腐干、豆腐皮、豆腐乳。
干果类	杏仁、西瓜子、南瓜子、芝麻、花生。

蛋白质

蛋白质是组成人体的重要营养素，如果孕妈妈在孕期缺乏蛋白质，胎宝宝就会发育迟缓，体重过轻。孕9月时，胎宝宝离出生已经只有1个月了，身体各个器官的发育都需要大量的蛋白质。

◎富含蛋白质的食物

蔬菜类	黄花菜、土豆、豆腐、芋头。
水果类	无花果、桃子、梨。
肉类	猪瘦肉、鱼肉、虾肉、牛肉。
其他类	核桃、大豆、花生、鸡蛋。

草莓豆浆

- **材料** 黄豆100克，草莓30克
- **调料** 冰糖适量

做法

①黄豆泡发洗净；草莓去蒂洗净，切块。

②将黄豆、草莓放入豆浆机中，添水搅打成豆浆，烧沸后滤出豆浆，加入冰糖拌匀即可。

小米豌豆豆浆

- **材料** 黄豆50克，小米30克，豌豆15克
- **调料** 冰糖10克

做法

①黄豆加水浸泡至变软，洗净；小米淘洗干净，清水浸泡2小时；豌豆洗净。②将上述材料倒入豆浆机中，加水搅打煮熟成浆。③加入冰糖，搅匀后即可饮用。

土豆黄瓜沙拉

- **材料** 土豆、黄瓜各100克，圣女果、洋葱各80克
- **调料** 沙拉酱适量

做法

①土豆去皮洗净，切丁；黄瓜洗净，切丁；圣女果洗净；洋葱洗净，切成小块。②将土豆放入沸水锅中焯水后捞出。③将土豆、黄瓜、洋葱、圣女果摆盘。④淋上沙拉酱，拌匀即可。

补钙

蒜苗炒白萝卜

- **材料**　白萝卜100克，蒜苗20克
- **调料**　盐2克，辣椒酱3克，鸡精2克

做法

①白萝卜去皮洗净，切丁；蒜苗洗净，切段。②锅下油烧热，放入白萝卜丁翻炒片刻，加盐、辣椒酱炒至入味，快熟时放入蒜苗炒香，加鸡精炒匀，起锅装盘即可。

补钙

百合西葫芦

- **材料**　西葫芦300克，鲜百合、圣女果各100克
- **调料**　白糖、盐、鸡精各适量

做法

①西葫芦洗净切片；鲜百合洗净；圣女果洗净，切成两半。②炒锅上火，放油烧热，先放入西葫芦片煸炒一会儿，再放入百合煸炒。③炒至西葫芦片变色时加鸡精、白糖、盐调味，盛出装盘后用圣女果装饰。

补蛋白质

火腿鸡片

- **材料**　鸡脯肉300克，火腿、冬笋各50克，油菜心100克
- **调料**　鸡蛋清1个，淀粉20克，盐4克

做法

①鸡脯肉洗净剁成蓉，加淀粉、盐、蛋清调成糊状。②火腿切成薄片；冬笋洗净切薄片；油菜心洗净。③鸡糊炸成块，入冷开水中浸泡，即成鸡片。④火腿及冬笋片炒匀，加盐，放鸡片、火腿稍烩，下入油菜心炒熟即可。

补铁、钙

优孕食谱 菠萝西瓜汁

● **材料** 菠萝50克，西瓜100克，蜂蜜少许，冷开水200克

做法

①将菠萝去皮，洗净，切成大小适当的块。②将西瓜洗净，去皮，切成适当的块备用。③将菠萝、西瓜、蜂蜜和冷开水放入榨汁机内搅打均匀，即可饮用。

补维生素B₁

优孕食谱 银杞鸡肝汤

● **材料** 鸡肝200克，银耳50克，枸杞子15克
● **调料** 盐3克，鸡精3克

做法

①鸡肝洗净，切块；银耳泡发洗净，择成小朵；枸杞子洗净，浸泡。②锅中放水，烧沸，放入鸡肝过水，取出洗净。③将鸡肝、银耳、枸杞子放入锅中，加入清水小火炖1小时，调入盐、鸡精即可。

补维生素B₁

优孕食谱 苦瓜鸭肝煲

● **材料** 鸭肝200克，苦瓜50克，火腿10克
● **调料** 高汤、酱油各适量

做法

①将鸭肝洗净，切块余水；苦瓜洗净切块；火腿切块备用。②净锅上火倒入高汤，调入酱油，下入鸭肝、苦瓜、火腿，煲至熟即可。

补钙

优孕食谱 杏仁菜胆猪肺汤

● **材料** 菜胆50克，杏仁20克，猪肺750克，黑枣5粒
● **调料** 盐6克

做法

① 杏仁洗净后用温水浸泡；黑枣、菜胆洗净。② 猪肺收拾干净，切块状，氽水后入油锅爆炒2分钟。③ 将煲内放入适量的水，煮沸后加入以上原材料，大火煲开后改用小火煲3小时即可。

补钙

优孕食谱 西葫芦炒火腿

● **材料** 西葫芦200克，火腿100克
● **调料** 盐3克，鸡精1克

做法

① 西葫芦洗净，切片；火腿切片。② 热锅下油，下入西葫芦片翻炒至八成熟，再下入火腿片同炒至熟，调入盐、鸡精，翻炒均匀即可。

补钙

优孕食谱 芹菜炒肉

● **材料** 香芹150克，瘦肉100克，红辣椒30克
● **调料** 盐4克，味精3克，大蒜6克，姜丝8克

做法

① 芹菜择去老叶，切段；瘦肉洗净切片；红辣椒洗净，切菱形块。② 大蒜和姜爆香，再加芹菜和红辣椒块，加盐和味精炒熟。③ 锅中再放少许油，下瘦肉片炒至变色，把炒好的芹菜和辣椒放进去，一起炒至肉片熟后即可。

孕10月（37～40周），宝贝终于要降生了

我的头部开始或已进入妈妈的骨盆入口或骨盆中，所以在子宫内的剧烈运动变少了。

因胎宝宝位置降低，胸部下方和上腹部变得轻松起来，对胃的压迫变小了，胃口也好了起来。

※本月需要补充的关键营养素

维生素B$_{12}$

维生素B$_{12}$是消化道疾病患者容易缺乏的维生素，也是红细胞生成不可缺少的重要元素。如果严重缺乏，将导致恶性贫血。人体维生素B$_{12}$需要量极少，只要饮食正常，一般情况下不会缺乏。

◎富含维生素B$_{12}$的食物

肉类	牛肉、猪肉、羊肝、猪肾、鱼肉、蛤蜊。
坚果类	核桃、花生。
豆类类	黄豆、乳酪、乳制品。

维生素K

维生素K具有防止新生婴儿出血疾病、预防内出血及痔疮、减少生理期大量出血、促进血液正常凝固的作用。

◎富含维生素K的食物

蔬菜类	海藻、菠菜、甘蓝菜、莴苣、花菜、香菜。
肉类	牛肝、牛肉、鱼肉、虾。
豆类类	豌豆。

铁

铁是维持生命的主要物质，是制造血红素和肌血球素的主要物质，是促进B族维生素代谢的必要物质。孕妇需要补铁来供应正在发育的胎宝宝和胎盘，特别是在孕中期和孕晚期，更需补充足够的铁质。

◎富含铁的食物

蔬菜类	蘑菇、黑木耳、紫菜、海带。
肉类	家禽肉类、动物肝及动物血。
其他类	芝麻、核桃、大豆、樱桃、桃子、菠萝。

锌

锌存在于众多的酶系中，为蛋白质、碳水化合物的合成和维生素A的利用所必需。锌具有促进生长发育、改善味觉的作用。孕妇补锌指怀孕妇女在孕期需要补充含有锌这类营养元素的物质。

◎富含锌的食物

蔬菜类	白萝卜、胡萝卜、南瓜、白菜。
水果类	苹果、香蕉。
肉类	猪瘦肉、牛瘦肉、瘦羊肉、鱼肉、蚝肉。
其他类	核桃、瓜子、花生、芝麻、黄豆。

不饱和脂肪酸

研究发现，人体所必需的脂肪酸，如亚油酸、亚麻酸和花生四烯酸等，人体自身不能合成，只能靠食物供给。孕晚期胎儿发育仍需要不饱和脂肪酸。

◎富含不饱和脂肪酸的食物

蔬菜类	洋葱、大葱、香菇、花菇、猴头菇。
水果类	山楂、橘子。
肉类	深海鱼鱼肉。
其他类	黄豆、赤小豆、开心果、腰果、芝麻、大豆、玉米油。

补维生素 B₁₂

🈷️孕食谱 猪肉芋头香菇煲

- ●材料 芋头200克，猪肉90克，香菇8朵
- ●调料 黄豆油10克，盐少许，八角1个，葱丝、姜末各2克，香菜末3克

做法

①将芋头去皮洗净，切滚刀块；猪肉洗净切片，香菇洗净，切块备用。②净锅上火倒入黄豆油，将葱、姜末、八角爆香，下入猪肉煸炒，再下入芋头、香菇同炒，倒入水，调入盐煲至熟，撒入香菜末即可。

补维生素 B₁₂

补维生素 K

🈷️孕食谱 山药鲫鱼汤

- ●材料 鲫鱼1条，山药25克
- ●调料 盐、味精、生姜、香葱段各适量

做法

①将鲫鱼收拾干净，切块；山药去皮洗净，切块；生姜去皮洗净，切片。②起油锅，用姜爆香，下鱼块稍煎，取出备用。③把全部材料一起放入锅内，加适量清水，大火煮沸，小火煮1~2个小时，用盐、味精调味，撒香葱段即可。

🈷️孕食谱 清炒花菜

- ●材料 花菜350克，青、红椒各30克
- ●调料 盐4克，味精2克

做法

①花菜洗净，掰成小块；青、红椒洗净，切圈。②花菜下入开水烫熟，捞出。③烧热油，放入青、红椒翻炒，再入花菜炒熟，加入盐和味精调味即可。

补维生素K

松仁爆虾球

- **材料** 虾仁、松仁各300克，油菜250克，胡萝卜100克
- **调料** 葱花15克，盐3克，料酒5克，鸡蛋清20克，淀粉10克

做法

①虾仁洗净，加入盐、鸡蛋清、淀粉拌匀腌渍；胡萝卜洗净切片；松仁洗净，对半剖开；油菜洗净，烫熟装盘。②起锅将虾仁、松仁、胡萝卜片炒熟。③加入料酒、盐炒匀，撒葱花。

补铁

补铁

四季豆鸭肚

- **材料** 四季豆60克，鸭肚50克
- **调料** 盐、味精各4克，生抽、香油各10克，辣椒、大葱各15克

做法

①四季豆洗净，入开水中烫熟，捞起；辣椒、鸭肚、大葱洗净，切丝。②油锅烧热，下鸭肚煸炒，入辣椒、大葱炒香，加水焖3分钟。③放盐、味精、生抽、香油调味，翻炒均匀，盛入装四季豆的盘。

鸡丁豌豆

- **材料** 鸡胸脯肉100克，豌豆250克
- **调料** 蚝油10克，味精1克，料酒适量，盐3克，酱油15克，水淀粉适量

做法

①鸡胸脯肉洗净，切丁，加酱油和料酒腌渍片刻；豌豆洗净，入沸水中焯至断生，捞出沥干。②锅中注油烧热，下鸡丁滑炒至断生，加入豌豆，调入蚝油炒至熟透。③加盐和味精调味，用水淀粉勾芡炒匀。

补锌

木瓜煲羊肉

●**材料** 木瓜30克，伸筋草15克，羊肉250克
●**调料** 盐4克，味精2克，胡椒粉3克

做法

①木瓜洗净剖开，去皮，去籽，切成小块；伸筋草洗净。②羊肉洗净，切成小块，再下入沸水汆去血水，捞出。③木瓜、伸筋草、羊肉加水大火烧沸，再用小火炖至羊肉烂熟后，加食盐、味精、胡椒粉调味。

补锌

补不饱和脂肪酸

翡翠牛肉粒

●**材料** 豌豆300克，牛肉100克，白果仁20克
●**调料** 盐3克

做法

①豌豆、白果仁分别洗净沥干；牛肉洗净切粒。②锅中倒油烧热，下入牛肉炒至变色，盛出。③净锅再倒油烧热，下入豌豆和白果仁炒熟，倒入牛肉炒匀，加盐调味即可。

软烧鱼尾

●**材料** 鱼尾巴1条
●**调料** 盐、味精各3克，酱油、辣椒油各10克

做法

①鱼尾巴洗净，切成连刀片，用盐、味精、酱油腌渍15分钟。②炒锅上火，注油烧至六成热，下入鱼尾巴炸至表面颜色微变。③加水焖3分钟，放入盐、味精、酱油、辣椒油调味，盛入盘中即可。

Part 5

孕期常见
─ 不适症状调理食谱 ─

●孕育宝宝是一件既幸福又辛苦的事情，由于生理上的一些变化，孕妈妈可能会出现一些不适症状，如孕期呕吐、孕期疲劳、孕期便秘、孕期痔疮、先兆流产、妊娠贫血、妊娠水肿等。面对这些不适症状时，孕妈妈难免会感觉手足无措。本章将带领孕妈妈们了解孕期不适症状及其缓解方法，然后介绍一些具有食疗作用的食物，以帮助孕妈妈们安全而又健康地度过孕期。

孕期呕吐

症状说明

孕期呕吐是指孕妇在孕早期经常出现择食、食欲不振的情况，一般于停经40天左右开始，孕12周以内反应消退，不需要特殊处理。少数孕妇会出现频繁呕吐、不能进食的现象，导致体重下降、脱水、酸碱平衡失调以及水、电解质代谢紊乱，严重者甚至会危及生命。

缓解方法

①调理饮食：孕妈妈如果出现呕吐症状，可以吃一个烘烤过的土豆，或者在早餐时吃一根香蕉，因为香蕉里含有钾，能够抑制孕吐。
②补充水分：因为呕吐，所以孕妈妈需要适量多喝水，喝水时可加入苹果汁和蜂蜜汁，有助于保护胃。
③充分休息：孕妈妈要保证足够的休息，以缓和紧张或焦虑的情绪。

宜吃食物

①肉类：主要以清炖、清蒸、水煮、水煎、爆炒为主要烹饪方法，如水煮鱼、清蒸鲈鱼，不要采用红烧、油炸、油煎等味道厚重的烹饪方法。
②富含蛋白质的食物：牛奶、豆腐、腰果、开心果、花生、瓜子、核桃、松子、扁豆等。

调理食谱 芹菜炒香干

●**材料** 香干250克，芹菜100克，辣椒10克

●**调料** 盐3克，味精5克

做法

① 香干洗净，切成片状；芹菜洗净，切成小段；辣椒洗净，切碎备用。② 油烧热，下入香干、辣椒爆炒，再加入芹菜段炒熟，最后加入盐和味精调味炒匀即可。

●**食疗功效**
芹菜中含有丰富的膳食纤维，能促进胃肠的蠕动，而且含有挥发性芳香油，具有特殊的香味，能增进食欲；香干具有健胃消食的功效，能缓解恶心症状。本品能够在补充孕妈妈能量的同时促进食欲，适合孕期出现呕吐症状的孕妈妈食用。

蒜香扁豆

● 材料 扁豆350克，蒜泥50克

● 调料 盐2克，味精1克

做法

① 扁豆洗净，去掉筋，整条截一刀，截完后入沸水中稍焯。注意：时间不能过长，以防扁豆变老。② 锅内加入少许油烧热，下入蒜泥煸香，再加入扁豆同炒，炒熟后放入盐、味精调味即可。

● 食疗功效

扁豆中含有的泛酸有制造抗体的功能，在增强食欲方面有很好的效果，而且扁豆中富含的叶酸和维生素C有健脾益气的作用。本品能够帮助孕期中的妈妈增强免疫力，排除体内毒素，缓解孕期呕吐的不适症状。

橙汁山药

● 材料 山药500克，橙汁100克，枸杞子8克

● 调料 糖30克，淀粉25克

做法

① 山药洗净，去皮，切成条，放入沸水中煮熟捞出，沥干水分；枸杞子稍稍泡一下备用。② 橙汁先加热，后加糖，最后用水淀粉勾芡成汁。③ 将加工好的橙汁淋在山药上，腌渍入味，放上枸杞子即可。

● 食疗功效

橙汁山药是一款不错的缓解孕妇孕吐的食品，加了橙汁的山药酸酸甜甜、营养丰富，是高碳水化合物的食物，可改善孕吐等不适症状。山药含有淀粉酶、多酚氧化酶等物质，有利于脾胃消化吸收。

调理食谱 柠檬鸡块

● **材料** 鸡肉300克，柠檬汁15克，香菜段足量

● **调料** 蛋黄、盐、水淀粉、白糖、醋各适量

做法

① 鸡肉洗净，切块，加入蛋黄、盐、水淀粉均匀搅拌备用。② 油锅烧热，倒入适量的油烧热，然后投入鸡肉滑熟，出锅装盘。③ 锅内放入清水，加入柠檬汁、白糖和醋一起烧开，用水淀粉搅拌勾芡，浇在鸡肉上，撒上香菜即成。

● **食疗功效**

柠檬汁富含维生素C，有开胃功效，有助于减轻孕妈妈的恶心感；鸡肉富含蛋白质、碳水化合物等营养成分，可为孕妈妈补充营养。这道菜不仅能缓解早期孕吐，还有滋补的效果。

调理食谱 小炒鱼丁

● **材料** 鱼肉、豌豆、玉米、红椒丁、香菇丁、荷兰豆各适量

● **调料** 盐4克，味精2克，料酒10克，水淀粉15克

做法

① 鱼肉洗净切丁；豌豆、玉米、荷兰豆洗净，焯水备用。② 油锅烧热，加鱼丁、盐、料酒滑熟，放香菇、玉米、豌豆翻炒，再入红椒、荷兰豆翻炒至熟，加入味精炒匀，以水淀粉勾芡即可。

● **食疗功效**

玉米能够帮助清除孕妈妈体内的自由基，排除毒素，有效抑制过氧化脂质的产生，起到开胃消食的作用；鱼肉能够帮助孕妈妈增强体质，减少孕妈妈因为呕吐缺乏食欲而导致的营养不良症状。本品能起到帮助孕妈妈缓解呕吐、增强食欲的作用。

绿豆陈皮排骨汤

● **材料** 绿豆60克，排骨250克，陈皮15克

● **调料** 盐少许，生抽适量

做法

1 绿豆清洗干净，最好提前浸泡一个小时左右。2 排骨洗净斩件，氽水；陈皮浸软，刮去瓤，洗净。3 锅中加适量水，放入陈皮煲开，再将排骨、绿豆放入煮10分钟，改小火后再煲3小时，加适量盐、生抽调味即可。

● **食疗功效**

绿豆中的赖氨酸含量高于其他作物，还含有淀粉、脂肪等，绿豆汤味道香甜，有清肝泄热、和胃止呕的功效，适合孕期食欲不好的孕妈妈食用；陈皮味酸甜，有促进食欲、开胃的作用。本品能够帮助孕妈妈促进食欲，止呕健胃。

麦片蛋花粥

● **材料** 白米40克，麦片20克，鸡蛋1个

● **调料** 盐适量

做法

1 白米洗净，浸泡20～30分钟后沥干备用。2 将适量水和白米放入锅中，开大火煮至白米略软后放入麦片，待沸后改小火熬成粥状，再加入打匀的蛋液煮成蛋花，以盐调味即可。

● **食疗功效**

麦片中含有丰富的蛋白质和B族维生素，能补充蛋白质，缓解妊娠呕吐的症状；鸡蛋营养丰富，有补肺养血、滋阴润燥、补脾和胃的功效。本品能够帮助孕期有呕吐症状的孕妈妈维持正常的机体代谢，促进消化吸收。

孕期疲劳

症状说明

很多女性在怀孕的时候常常感到十分疲劳，尤其是怀孕初期总是觉得很累，没有精神，没有办法坚持站着或者逛街行走，时有头昏、头晕的症状，比较贪睡，不像没有怀宝宝之前的样子。这些都是孕期疲劳的表现。

缓解方法

①饮食结构合理化：饮食结构合理对于缓解疲劳是非常关键的，适当调整饮食就能够减少孕期疲劳症状。
②保持适量运动：孕妈妈是可以进行适量运动的，例如散散步。
③注意调整坐姿：怀孕以后，孕妈妈坐着的时候最好能够抬高脚的位置，这样有利于减轻孕期疲劳。

宜吃食物

①肉类：适量地吃一些鸡肉、瘦肉或者鱼肉都是可以的，但最好采用以清淡、滋补为主的烹饪方式，例如通过煲汤或者煮粥的方式食用。
②蔬菜：孕期觉得容易疲劳的妈妈可以多吃白菜、胡萝卜、香菇等，蔬菜在烹饪时不要过多地加入盐、油以及调味料等。

调理食谱 香草黑豆米浆

● **材料** 黑豆70克，大米20克

● **调料** 迷迭香、熏衣草各5克

做法

① 将黑豆泡软，最好提前浸泡1至2个小时，再用清水洗干净；大米洗干净，浸泡；迷迭香、熏衣草等都洗净。② 将所有准备好的原材料放入豆浆机中，添加适量的清水搅打成豆浆，煮沸之后再滤出豆浆即可。③ 可根据个人喜好适量加入白砂糖。

● **食疗功效**

黑豆营养丰富，含蛋白质、脂肪、膳食纤维等，有调中下气、滋养补血的功效，可以为孕期疲劳的孕妈妈补充能量；迷迭香和熏衣草带有芳香的气味，能够让疲劳的孕妈妈提神醒脑。本品有安神宁心的作用，适合孕妈妈用于缓解疲劳症状。

枸杞大白菜

●**材料** 大白菜500克，枸杞子20克

●**调料** 盐3克，鸡精3克，上汤适量，水淀粉15克

做法

①大白菜清洗干净，切片；枸杞子入清水中浸泡后清洗干净。②锅中倒入上汤煮开，放入大白菜煮至软，捞出放入盘中。③汤中放入枸杞子，加盐、鸡精调味，用水淀粉勾芡，将汁浇淋在大白菜上即可。

●**食疗功效**

大白菜中含有的膳食纤维较多，可以预防结肠癌；枸杞子富含多种维生素，其抗氧化能力指数很高。此外，将大白菜搭配枸杞子一起炒制具有高营养、色香味俱全、清新爽口的特点，非常适合孕期女性食用。

珊瑚包菜

●**材料** 包菜500克，青、红椒各20克，冬笋50克，泡发香菇20克

●**调料** 盐3克，醋、白糖各6克，辣椒油10克，干辣椒5克，葱丝15克，姜丝10克

做法

①包菜洗净一切为二，放入开水中焯烫，捞出装盘；其他所有材料均切丝。②锅中加入油烧热，放入干辣椒、葱丝、姜丝等加盐翻炒。③加入清水，煮开后调入白糖，晾凉浇入装有包菜的盘中，淋入辣椒油、醋，拌匀即可。

●**食疗功效**

包菜中含有人体必需的营养素，如多种氨基酸、胡萝卜素等，对孕期疲劳的妈妈能起到益心力、祛结气的功效，对孕期因睡眠不佳所致的疲劳有食疗作用；香菇具有帮助孕妈妈理气和中的功效。本品有益气生津、缓解疲劳的作用，非常适合孕妇食用。

调理食谱 山药胡萝卜炖鸡汤

●材料 山药250克，胡萝卜1根，鸡腿1只

●调料 盐3克

做法

① 山药削皮，清洗干净，切块；胡萝卜削皮，清洗干净；鸡腿剁块，放入沸水中汆烫，捞起，冲洗。② 鸡腿肉、胡萝卜先下锅，加水至盖过材料，以大火煮开后转小火炖15分钟。③ 下山药后用大火煮沸，改用小火续煮10分钟，加盐调味即可。

●食疗功效

这道汤中含有丰富的蛋白质、碳水化合物、维生素、钙、铁、锌等多种营养素，能提高孕妈妈身体免疫力，预防高血压，降低胆固醇，还能利尿。此外，山药中还含有淀粉酶消化素，能分解蛋白质和糖，有减肥轻身的作用，非常适合体胖的孕女性食用。

调理食谱 松子焖酥肉

●材料 五花肉250克，油菜150克，松子10克

●调料 盐3克，白糖10克，酱油、醋、料酒各适量

做法

① 五花肉清洗干净；油菜清洗干净，备用；松子洗净。② 锅注入水烧开，放入油菜焯熟，捞出沥干摆盘。③ 起油锅，加入白糖烧化，再加盐、酱油、醋、料酒做成味汁，放入五花肉裹匀，加适量清水，焖煮至熟，盛在油菜上，用松子点缀即可。

●食疗功效

这道菜不仅营养丰富，香味袭人，而且是一道具有美肤养颜、丰肌健体作用的佳肴。猪肉含有丰富的蛋白质、脂肪、铁等营养素，有滋养脏腑、润滑肌肤、补中益气的作用，特别适合易疲劳的孕妈妈食用。

菊花炒肉

- ●材料　瘦肉300克，鲜菊花瓣100克，鸡蛋3个

- ●调料　盐、料酒、淀粉各适量，葱花少许

做法

① 瘦肉洗净，切成片；菊花瓣轻轻洗净。② 鸡蛋磕入碗中，加料酒、盐、淀粉调成糊状，投入肉片拌匀，再将肉片放入油锅炸熟备用。③ 锅内留油，放葱花煸香，再加入熟肉片、菊花瓣炒匀，加盐调味即可。

●食疗功效

新鲜菊花瓣可安神，能够帮助疲劳的孕妈妈缓解神经紧张，消除疲劳；瘦肉滋补，能够为孕妈妈补充足够的能量，增强抵抗力。本品有安神清脑、改善精神疲劳的作用，十分适合孕期感到疲劳的孕妈妈食用。

清蒸羊肉

- ●材料　羊肉500克，枸杞子少许，香菜少许

- ●调料　盐2克，醋8克，生抽10克

做法

① 羊肉洗干净，切片；枸杞子泡发，洗净；香菜洗净，切成小段。② 将羊肉装入盘中，加入盐、醋、生抽拌匀，再放入枸杞子。③ 羊肉放入蒸锅中蒸30分钟，取出撒上香菜即可。

●食疗功效

羊肉含有丰富的蛋白质、脂肪和维生素B_1、维生素B_2等，为益气补虚、温中暖下之品，对孕期疲劳虚弱有较显著的食疗功效；枸杞子可以缓解因为气短乏力、心悸、失眠等引起的疲劳。本品有滋补养神、消除疲劳的功效，孕期疲劳的女性可以经常食用。

孕期便秘

 症状说明

怀孕后，孕妇体内会分泌大量的孕激素，引起胃肠道肌张力减弱，导致肠蠕动减慢。再加上胎儿逐渐长大，压迫肠道，使得肠道的蠕动减慢，肠内的废物停滞不前，并且变干，致使孕妇常会排便困难。此外，怀孕后孕妇的运动量减少和体内水分减少等原因也会导致便秘。

 缓解方法

①多吃富含膳食纤维的食物，如蔬菜、水果或者杂粮、谷物，尽量少吃上火、热气的食物。

②多补充水分：因为孕妈妈便秘有可能是体内水分减少的原因导致的，所以补充水分可以缓解症状。每天喝6~8杯水或者多喝新鲜的水果汁，都可以缓解便秘。

 **宜吃食物**

①水果：孕期便秘的妈妈要多吃一些富含维生素的水果，例如香蕉、木瓜等，以促进排毒和排便。

②五谷杂粮：无花果、红薯、玉米、松仁这些都适合孕期便秘妈妈食用，这些食物的相互作用可能够让粪便快速移动。

珊瑚萝卜

● **材料** 白萝卜200克，胡萝卜100克

● **调料** 盐、白糖、白醋各适量

做法

①用白糖、白醋、盐加适量水一起烧开，然后再熬煮，直至成酸甜味汁，放置待凉。②白萝卜、胡萝卜均清洗干净，切成长条状，同入沸水中焯水后捞出。③将萝卜条倒入味汁中，泡腌4小时，珊瑚萝卜即制作完成。

● **食疗功效**

白萝卜中含有芥子油，能促进胃肠蠕动，帮助机体将有害物质较快排出体外，有效防治孕期便秘；胡萝卜富含膳食纤维，能促进肠道蠕动，缓解孕期便秘所带来的痛苦。本品有开胃消食之效，同时可有效防止孕期女性便秘。

高汤娃娃菜

● **材料** 娃娃菜600克，四季豆200克，香菇100克，枸杞子20克

● **调料** 盐4克，生抽8克，鸡精3克，辣椒油4克

做法

① 娃娃菜洗净，切成6瓣，入水焯熟，装盘；四季豆去筋，洗净切丝；香菇洗净，切丝；枸杞子泡发备用。② 锅中倒油烧热，加入四季豆、香菇煸炒至变色，调入所有调味料，加适量水，放入枸杞子，烧开。③ 将汤汁浇在娃娃菜上即可。

● **食疗功效**

娃娃菜能帮助改善胃肠道功能，同时又可增加粪便的体积，减少肠中食物残渣在人体内停留的时间，有使排便频率加快的作用；四季豆中的皂苷类物质能够促进脂肪的代谢，起到排毒的作用。本品有改善排便不顺的作用，适合孕期便秘女性食用。

松仁玉米

● **材料** 玉米粒400克，熟松子仁、胡萝卜、青豆各25克

● **调料** 盐、白糖、鸡精、水淀粉各适量

做法

① 胡萝卜清洗干净，切成小丁；青豆、玉米粒均洗净焯水，捞出沥水。② 油锅烧热，放入胡萝卜丁、玉米粒、青豆炒熟，加入盐、白糖、鸡精炒匀，用水淀粉勾芡后装盘，撒上松子仁即可。

● **食疗功效**

玉米中的膳食纤维含量很高，具有刺激胃肠蠕动、加速粪便排泄的特性，可预防便秘、肠炎、肠癌等；松仁中所含的大量矿物质如钙、铁、钾等，能给机体组织提供丰富的营养成分，强壮筋骨，消除疲劳。本品适合孕期便秘的女性食用。

调理食谱 红薯玉米粥

● **材料** 红薯、玉米、玉米粉、南瓜、豌豆各30克，大米40克

● **调料** 盐2克

做法

① 玉米、大米泡发洗净，注意，泡发的时间不宜过久；红薯、南瓜去皮洗净，切成小块；豌豆洗净。② 锅置火上，放入大米、玉米煮至沸时，放入玉米粉、红薯、南瓜、豌豆。③ 改用小火煮至粥成，加入盐调味，即可食用。

● **食疗功效**

红薯除了含有丰富的蛋白质之外，所含的膳食纤维也比较多，对促进胃肠蠕动和防止便秘非常有益；玉米富含的膳食纤维可有效防止便秘。本品有促使肠道蠕动的功效，能够缓解孕期便秘。

调理食谱 酱烧春笋

● **材料** 春笋500克

● **调料** 蚝油、甜面酱各10克，姜末、蒜末各5克，白糖、鸡精、香油、鲜汤各适量

做法

① 春笋削去老皮，洗净，切成长条，放入沸水中焯一会儿。② 锅中加油烧热，放入姜末、蒜末炝锅，再放入笋段翻炒。③ 放入鲜汤，烧煮至汤汁快干时调入蚝油、甜面酱、白糖、鸡精、香油，炒匀即可出锅。

● **食疗功效**

酱烧春笋鲜香脆嫩，纤维素丰富，有润肠通便的功效。春笋含有充足的水分、丰富的植物蛋白以及钙、磷、铁等人体必需的营养成分和微量元素。本品有助于孕期女性缓解便秘症状。

上汤菌菇

- ●**材料** 草菇、秀珍菇各150克，冬笋100克

- ●**调料** 盐3克，上汤适量，香油8克，葱少许

做法

①草菇洗净，对切成两半；秀珍菇洗净备用；冬笋去壳洗净，切块；葱洗净，切段。②锅内倒入上汤烧开，放入草菇、秀珍菇、冬笋同煮至熟。③加入葱段，调入盐、香油，拌匀即可。

- ●**食疗功效**

草菇中含有丰富的膳食纤维，有通便补血的作用；冬笋利尿通便，有助于缓解便秘。本品既能帮助孕妈妈解毒，也可以帮助孕妈妈摆脱便秘，十分适合孕期便秘的妈妈食用。

冰糖炖木瓜

- ●**材料** 木瓜65克

- ●**调料** 冰糖50克

做法

①木瓜洗净，去皮、籽，切成若干块。②将木瓜、冰糖放入炖盅内，倒入适量水。③将炖盅放入蒸笼蒸熟即可。

- ●**食疗功效**

木瓜中富含维生素C，有健脾胃、助消化的作用；葡萄中含有较多的酒石酸，能有效促进消化。本品能够促进孕妈妈机体的新陈代谢，帮助排便，适合孕妈妈便秘时食用。

孕期痔疮

 症状说明

人的肛门周围有数组静脉，结缔组织比较疏松，血液运行也十分通畅。当因为多种原因引起腹部压力增大时，此静脉内的血液回流就会受到阻碍。时间一久，就容易导致痔疮形成。准妈妈是痔疮的高发人群。痔疮一旦严重，可能会导致便秘，影响孕妈妈正常的生活和行动。

 **缓解方法**

①养成合理的饮食习惯：孕妈妈在饮食结构的搭配中应当适当地多加入蔬菜、水果，尤其是富含膳食纤维的食物，最好不要吃辛辣或者口味重的食物。

②养成良好的排便习惯：孕妈妈更应该养成每日如厕的习惯，一般可以给自己安排一个固定的时间段，如以在一天中某一次进餐后排便为宜。

 宜吃食物

①粗粮：玉米、小米、红薯、燕麦、紫米等。

②蔬菜：白菜、南瓜、苦瓜、西红柿、绿豆芽等。

③水果：香蕉、火龙果、梨、苹果等。

④其他：淡盐水、蜂蜜水。

料理食谱 鲜果炒苦瓜

●材料　苦瓜200克，百合、菠萝、圣女果各100克

●调料　盐3克

做法

①苦瓜洗净，切片；百合洗净，切片；菠萝去皮洗净，切片；圣女果洗净。②锅入水烧开，放入苦瓜氽水后，捞出沥干备用。③锅下油烧热，放入苦瓜、百合滑炒至八成熟，再放入菠萝、圣女果，加盐炒匀，装盘即可。

●食疗功效

圣女果中富含维生素有保护皮肤，促进红细胞生成的作用；苦瓜中含有维生素，对于缓解痔疮有一定的功效。本品清热解毒，能有效帮助杀菌消炎，患有孕期痔疮的女性可以常食用。

调理食谱 清炒南瓜丝

● **材料** 嫩南瓜350克

● **调料** 蒜10克，盐4克，味精3克

做法

① 嫩南瓜洗净，切成细丝；蒜洗净去皮剁成蒜蓉。② 锅中加水烧开，等水沸腾后下入南瓜丝焯熟后，捞出备用。③ 锅中加油烧热，下入蒜蓉炒香，再加入南瓜丝炒熟，调入盐和味精炒匀即可。

● **食疗功效**

南瓜中富含维生素A，能加快细胞的分裂速度，刺激新细胞的生长，还有解毒之效。南瓜所含有的丰富果胶能使孕妈妈体内的有毒物质加速排泄。本品可缓解痔疮症状，非常适合孕期患痔疮的女性食用。

调理食谱 西红柿焖冬瓜

● **材料** 冬瓜500克，西红柿2个

● **调料** 盐4克，味精3克，甘草粉适量，姜蓉5克

做法

① 冬瓜去籽、皮，洗净，切片或块；西红柿洗净去蒂，切块。② 炒锅入油，放入姜蓉炒香，再放入西红柿块翻炒半分钟。③ 放入冬瓜、盐、味精和甘草粉，翻炒几下后加盖焖煮2分钟，再开盖翻炒至冬瓜熟透即可。

● **食疗功效**

冬瓜具有独特的利尿功效，能够将体内的毒素排出，清热解毒；西红柿营养丰富，同时还有助体内排毒解毒。本品可以预防孕期妇女出现痔疮和便秘的症状，适合孕妈妈经常食用。

调理食谱 西红柿豆腐汤

● **材料** 西红柿250克，豆腐2块

● **调料** 盐3克，胡椒粉、味精各1
　　　克，淀粉15克，香油5克，
　　　熟菜油150克，葱花25克

做法

①豆腐洗净切粒；西红柿洗净切粒；豆腐入碗，加西红柿、胡椒粉、盐、味精、淀粉、少许葱花一起拌匀。②锅置火上，下菜油，倒入豆腐、西红柿，翻炒至香。③约炒5分钟后，加水煮至熟，撒上剩余的葱花，调入盐，淋上香油即可。

● **食疗功效**

西红柿中富含的胡萝卜素在人体内可转化为维生素A，能促进胎儿骨骼生长，预防佝偻病；同时，西红柿有增加胃液酸度、帮助消化、调整胃肠功能的作用。本品能有效缓解孕期痔疮症状。

调理食谱 豆芽韭菜汤

● **材料** 绿豆芽100克，韭菜30克

● **调料** 盐少许

做法

①绿豆芽清洗干净，切成小段备用。②净锅上火，倒入花生油烧热，下绿豆芽煸炒。③绿豆芽炒熟后，倒入适量的水，然后调入盐煮至熟，撒韭菜出锅即可。

● **食疗功效**

绿豆芽中含丰富的维生素B_2和大量的膳食纤维，可以预防便秘和消化道癌等；韭菜含有较多的膳食纤维，能促进胃肠蠕动，可有效预防痔疮、习惯性便秘和肠癌。用绿豆芽搭配韭菜一起食用，是孕妈妈防治痔疮、便秘的最佳选择。

火龙果汁

●**材料** 火龙果150克，菠萝50克，凉开水60克

做法

①火龙果洗净，对半切开，挖出果肉，切成小块；菠萝去皮，清洗干净，果肉切成小块。②将龙火果和菠萝放入搅拌机中，加入凉开水，搅打成汁即可。

●**食疗功效**

这款饮品有预防便秘、保护眼睛、增加骨质密度、降血糖、降血压、降低胆固醇、美白皮肤、防黑斑的作用，对妊娠高血压有食疗作用，且没有副作用，能促进胎儿健康发育。其中，火龙果果肉中芝麻状的种子具有促进肠胃消化之功能，能预防孕期痔疮。

红薯豆浆

●**材料** 红薯40克，黄豆30克，冰糖适量

做法

①黄豆加水浸泡至变软，洗净；红薯洗净，去皮切成小块。②将黄豆、红薯倒入豆浆机中，添水搅打煮熟成豆浆。③滤出豆浆，加入冰糖拌匀即可。

●**食疗功效**

红薯中含有丰富的膳食纤维，具有良好的润肠通便作用，对孕期痔疮有很好的缓解作用。用红薯搭配豆浆，营养更加全面且丰富，非常适合孕早期妈妈滋补身体，能够预防缺铁性贫血，缓解孕期痔疮症状。

先兆流产

症状说明

流产是指妊娠28周内，由于某种原因而发生妊娠终止的现象。发生在12周以内称为早期流产；发生在12周以后称为晚期流产。流产最主要的信号就是阴道出血和腹痛（主要是因为子宫收缩而引起腹痛）。孕妈妈阴道会伴有出血，下腹有轻微疼痛或有腰酸等症状。

 缓解方法

①合理安排饮食：出现先兆流产症状的孕妈妈可以选择富含各种维生素以及矿物质的食物，比如各种蔬菜、水果、豆类等。而螃蟹、山楂、甲鱼等则要慎食。
②卧床休息：孕妈妈在出现先兆流产症状后应当多注意卧床休息，最基本的要保证每日8小时睡眠，不能太劳累，否则会伤害到胎儿。

 **宜吃食物**

①蔬菜：白萝卜、菠菜、香菇、冬笋。
②肉类：鳕鱼、鸡肉、猪肉。

调理食谱 清爽白萝卜

● **材料** 白萝卜400克，泡青椒2个，泡红椒50克

● **调料** 盐、味精各3克，醋、香油各适量

做法

①白萝卜去皮洗净，切片。②将泡青红椒、醋、香油、盐、味精加适量水调匀成味汁。③将白萝卜置味汁中浸泡1天，浸泡的时间不需要过长，然后拿出摆盘即可。

● **食疗功效**

白萝卜中除了含有大量的植物蛋白和维生素C之外，还含有胡萝卜素，其所含的胡萝卜素是所有食物之冠，有十分突出的抗菌作用。本品能够有效增强孕妈妈的免疫力，防止先兆流产出现。

虾米白萝卜丝

●材料 虾米50克，白萝卜350克

●调料 生姜1块，红椒1个，料酒10
　　　克，盐4克，鸡精2克

做法

1 虾米泡涨；白萝卜洗净切丝；生姜洗净切丝；红椒洗净，切小片待用。2 炒锅置火上，加水烧开，下白萝卜丝焯水，倒入漏勺滤干水分。3 炒锅上火加入色拉油，姜丝爆香，下白萝卜丝、红椒片、虾米，放入调味料，炒匀出锅装盘即可。

●食疗功效

虾米富含蛋白质和钙，可帮助缓解孕妈妈精神抑郁、失眠，增强抵御感染能力；白萝卜中富含维生素C，有提高孕妈妈免疫力的作用。本品可预防孕妈妈出现先兆流产症状，也适合出现先兆流产信号的孕妈妈所食用。

芝麻花生仁拌菠菜

●材料 菠菜400克，花生仁150克，
　　　白芝麻50克

●调料 醋、香油各15克，盐4克，
　　　鸡精2克

做法

1 菠菜洗净，切段，焯水捞出，装盘待用；花生仁洗净，入油锅炸熟；白芝麻炒香。2 将菠菜、花生仁、白芝麻搅拌均匀，加入醋、香油、盐和鸡精充分搅拌入味，装盘即可。

●食疗功效

菠菜中含有的胡萝卜素、维生素E等微量元素，有促进人体新陈代谢、调节血糖的作用；花生中含有丰富的卵磷脂，可降低胆固醇，防治高血压和冠心病，并且还含有维生素E和锌，能增强记忆、抗老化，滋润皮肤。本品是孕妈妈补充营养、预防先兆流产的佳品。

菜心白肉

●**材料** 五花肉80克，菜心50克

●**调料** 酱油、辣椒油各10克，盐3克，葱花、枸杞子适量

做法

①五花肉洗净，切片，加入盐和酱油腌渍片刻；菜心洗净，焯水后摆盘。②将五花肉放入蒸锅蒸10分钟，关火后不能马上开锅，隔一小会儿取出装盘。③将辣椒油淋入盘中，撒葱花、枸杞子即可。

●**食疗功效**

菜心含有大量的碳水化合物、人体不可缺少的钙、磷、镁等矿物质及维生素，可以为出现先兆流产的孕妈妈提供所需的各种营养素。本品有健脾养胃、补充营养的作用，适合出现先兆流产的孕妈妈食用。

松仁鸡肉炒玉米

●**材料** 玉米粒200克，松仁、黄瓜、胡萝卜各50克，鸡肉150克

●**调料** 盐3克，鸡精2克，水淀粉适量

做法

①玉米粒、松仁均清净备用；鸡肉洗净切丁；黄瓜洗净，一半切丁，一半切片；胡萝卜洗净切丁。②锅下油烧热，放入鸡肉、松仁略炒，再放入玉米粒、黄瓜丁、胡萝卜丁翻炒，加盐、鸡精，用水淀粉勾芡盛出，用黄瓜片围盘装饰即可。

●**食疗功效**

玉米粒有健脾益胃、利水渗湿的功效；鸡肉含有的蛋白质含量相对较高，可增强体力、强壮身体。本品有健脾和中、益气养胃、强壮身体的功效，是有先兆流产信号的孕妈妈的食疗佳品。

鲍汁鸡

●材料　鸡1只，油菜250克，鲍汁适量

●调料　味精2克，盐4克，老抽5克，蚝油5克，香油3克

做法

1 油菜洗净备用；鸡收拾干净，用盐、味精腌渍10分钟至入味，再用煲汤袋装起捆紧。2 鲍汁入锅，放入鸡一起煮开，调入盐、味精、老抽、蚝油调味料，慢火煲2小时出锅，油菜垫底，淋入香油即可。

●食疗功效

鲍鱼汁的营养价值极高，且对孕妈妈来说有养心润肺的功效；鸡肉可补虚损，温中益气。本品是孕妈妈吸收蛋白质的良好来源，除了提升食欲外，还能有效防止先兆流产。

当归田七炖鸡

●材料　当归20克，田七7克，乌鸡150克，干香菇2朵

●调料　盐8克

做法

1 当归、田七洗净；乌鸡洗净，斩件。2 将乌鸡块放入开水中煮5分钟，捞起洗净。3 把全部用料放入煲内，加适量清水，盖好，小火炖1～2小时至熟，加盐调味供用。

●食疗功效

当归具有多方面的生理调节功能，有抑制子宫平滑肌双向性的作用，并能减少孕妈妈出现先兆流产的概率；乌鸡有补中止痛、调经活血的功效。本品滋养、补血益气，适合出现先兆流产的孕妈妈食用。

妊娠贫血

 症状说明

怀孕期间，由于胎儿生长发育和子宫增大，孕妇需要的铁也随之增加。再加上孕妇在怀孕期间肠胃道功能减弱、胃液分泌不足、胃酸减少，使含铁物质在胃中不能转化，因而使孕妇需要摄入更多的铁。当孕妇血清铁蛋白低于12微克/升或血红蛋白低于110克/升时，即可诊断为妊娠贫血。

 **缓解方法**

①多进食补血的食物：一般以含有铁质的胡萝卜素为佳，例如菠菜、胡萝卜、黑豆等。此外，含铁量高的动物类食品有：蛋黄、牛肉、肝、肾等。
②多吃一些富含维生素C的食物：此类食物有利于铁的吸收，例如橙子、猕猴桃、苹果等。

 宜吃食物

①肉类：牛肉、猪肝、瘦肉、乌鸡、牛腩、鲳鱼。
②蔬菜：菠菜、胡萝卜、娃娃菜、紫菜、西红柿、黑木耳。
③其他：葡萄干、板栗、黄豆、黑豆、红薯、黑芝麻。

调理食谱 筒骨娃娃菜

● **材料** 筒骨200克，娃娃菜250克，枸杞子少许

● **调料** 盐2克，醋5克，高汤适量，老姜少许

做法

①筒骨洗净砍成段，入开水锅中汆水，捞出沥水待用；娃娃菜洗净，一剖为四；枸杞子泡发洗净；老姜去皮洗净，切成薄片。②锅内倒入高汤烧沸，下筒骨、姜片，滴入几滴醋。③煮香后放入娃娃菜煮熟，加盐调味后撒上枸杞子即可。

● **食疗功效**

这道菜清鲜爽淡，有增强抵抗力、益髓健骨、补气养血的功效。筒骨除含蛋白质、脂肪、维生素、铁外，还含有大量磷酸钙、骨胶原、骨黏蛋白等，可为孕妈妈提供钙质，有滋阴壮阳、益精补血的功效。

银耳菠菜

●材料 菠菜250克，花生仁100克，
　　　 银耳50克，土豆丝50克

●调料 盐3克，鸡精1克

做法

① 菠菜洗净，切成小段，入沸水锅中氽水至熟，装盘待用；银耳泡发，洗净，撕成小朵，焯水待用；花生仁洗净，与土豆丝分别入油锅炸熟。② 将所有的原材料加盐和鸡精搅拌均匀即可。

●食疗功效

菠菜中含有丰富的铁，可以预防孕期妈妈出现贫血症状；花生仁有健脾胃和止血补血的功效。本品除了能够增强免疫力之外，还能帮助孕妈妈预防妊娠贫血。

荷兰豆拌黑木耳

●材料 荷兰豆300克，黑木耳50克

●调料 盐2克，生抽8克，味精1克，香油适量

做法

① 荷兰豆洗净，撕去老筋后切丝；黑木耳泡发洗净，撕成小朵。② 将荷兰豆、黑木耳分别放入沸水中焯熟，捞出沥水，装盘。③ 加入盐、生抽、味精、香油，搅拌均匀即可。

●食疗功效

荷兰豆是营养价值比较高的豆类蔬菜，有补血养颜的作用；黑木耳中所含的铁有补血、活血的功效。本品能够有效地预防缺铁性贫血和妊娠贫血，是孕妈妈可以经常食用的一道佳肴。

调理食谱 西红柿炒豆腐

●**材料** 嫩豆腐1000克，西红柿150克

●**调料** 葱段10克，盐4克，胡椒粉1克，淀粉15克，味精1克，鲜汤适量，熟菜油150克，白糖3克

做法

① 豆腐洗净，切块过水，入油锅煎至两面金黄；西红柿洗净切块。② 炒锅加热，入油烧热，入西红柿块翻炒，加盐、白糖炒匀后盛起。③ 锅内倒入鲜汤、白糖、盐和胡椒粉拌匀，将豆腐倒入锅中烧沸，淀粉勾芡，加西红柿和油，用大火略收汤汁，撒上味精、葱段，即可。

●**食疗功效**

西红柿特有的番茄红素能够有效保护血管内壁，具有止血作用；豆腐是高蛋白和多维生素的食品，能帮助贫血的孕妈妈补充营养。本品有改善营养和预防贫血的作用，是妊娠贫血妈妈们的健康之选。

调理食谱 葡萄干土豆泥

●**材料** 土豆200克，切碎的葡萄干1小匙

●**调料** 蜂蜜少许

做法

① 葡萄干洗净，放温水中泡软后切碎。② 土豆洗净后去皮，放入容器中上锅蒸熟，趁热做成土豆泥。③ 将土豆泥与碎葡萄干一起放入锅内，加2小匙水，放火上用微火煮，熟时加入蜂蜜即可。

●**食疗功效**

本品质软、稍甜，含丰富的营养素，是孕妈妈补血的佳品。葡萄干不仅含铁极为丰富，有益气补血的功效，还有利于直肠的健康，土豆营养丰富，含丰富的赖氨酸和色氨酸，这是一般食品所不可比的。

胡萝卜炒蛋

● **材料** 鸡蛋2个，胡萝卜100克

● **调料** 盐4克，香油20克

做法

① 胡萝卜洗净，削皮，切成细末；鸡蛋打散，放置备用。② 香油入锅烧至七分热后，放入胡萝卜末，炒约1分钟。③ 加入蛋液，炒至半凝固状时再转小火炒熟，再加盐调味。

● **食疗功效**

胡萝卜中含有的维生素C能促进肠道对铁的吸收，提高肝脏对铁的利用率，还可以帮助缓解贫血；鸡蛋营养丰富，适合体质虚弱、营养不良的孕妈妈食用。本品补气补血，是孕妈妈出现贫血之症时的良好选择。

红焖牛腩

● **材料** 牛腩400克，胡萝卜、洋葱片各150克

● **调料** 盐、糖、葡萄酒、白胡椒、番茄酱各适量

做法

① 牛腩洗净切块，汆水捞出；胡萝卜、洋葱去皮，洗净切块；洋葱片爆香。② 将洋葱、牛腩、胡萝卜、葡萄酒及水拌匀后装入内锅，外锅加水，蒸熟。③ 汤汁倒出，加入盐、糖、白胡椒、番茄酱拌匀，淋在牛腩上，蒸熟即可。

● **食疗功效**

胡萝卜中的木质素能够提高孕妈妈的机体免疫力，还有补血作用；牛腩健脾开胃，是适合孕期滋补养身的食物。本品有润肺和补血功效，能够帮助预防孕妈妈妊娠贫血。

芝麻牛肉干

●**材料** 牛肉800克，熟芝麻100克

●**调料** 盐、糖、香油、八角、五香粉、花椒、花生油各适量

做法

①牛肉洗净，氽水捞出；将八角、花椒装入纱布袋中封紧备用。②牛肉洗净切粗条，放入锅中，加入花生油、盐、水、五香粉及备好的卤料烧开，转小火卤至汤汁收干，加糖调匀，熄火待凉，撒上熟芝麻拌匀，装盘，淋上香油即可。

●**食疗功效**

芝麻富含矿物质，有助于补血益气；牛肉含有丰富的B族维生素和铁元素，具有补血功效。本品有增强免疫力、防止孕期贫血的作用，适合妊娠贫血的孕妈妈食用。

板栗乌鸡煲

●**材料** 乌鸡350克，板栗150克，核桃仁50克

●**调料** 盐少许，味精2克，高汤适量

做法

①乌鸡杀洗干净，斩块氽水；板栗去壳后洗净；核桃仁洗净，放置备用。②炒锅上火后倒入高汤，煮开后，下入乌鸡、板栗、核桃仁，调入盐、味精煲至熟即可。

●**食疗功效**

乌鸡是补虚劳、养气血的上佳食品，与板栗搭配煲出的汤含有丰富的蛋白质、维生素B_2、烟酸、维生素E、磷、铁，而胆固醇和脂肪含量则很少，有滋补身体、强壮筋骨、益气补血的功效，适合孕妇补血之用。

红枣鱼头汤

● **材料** 鲢鱼头250克，红枣6颗

● **调料** 盐4克，胡椒粉4克

做法

① 鲢鱼去鳞，去腮，洗净，斩成块状；红枣洗净，放置备用。② 净锅上火倒入水，调入盐，再下入鱼头、红枣煲至熟，最后调入胡椒粉搅匀即可。

● **食疗功效**

红枣是我国传统的补养品，对贫血等症均有益处；鱼头含有的营养十分丰富，可以帮助妊娠贫血妈妈改善营养不良。本品能够增强抵抗力和补血，非常适合孕期贫血妈妈食用。

茯苓枸杞甲鱼汤

● **材料** 甲鱼1只，枸杞子5克，茯苓3克

● **调料** 盐适量

做法

① 甲鱼洗净，斩成小块汆水；枸杞子、茯苓均用温水清洗干净，浸泡备用，大约浸泡半小时至一小时。② 净锅上火倒入水，一起下入甲鱼、枸杞子、茯苓，煮熟后调入盐煲至熟即可。

● **食疗功效**

枸杞子富含B族维生素，对于改善贫血、血虚萎黄有良好的功效；茯苓具有健脾补中的功效。本品能够有效预防孕妈妈出现妊娠贫血，还可帮助孕妈妈稳定血糖，贫血的孕妈妈可以常食用。

妊娠水肿

 症状说明

怀孕后，由于毛细血管通透性增加，使毛细血管缺氧，血浆蛋白以及液体进入组织间隙导致水肿，主要在肢体、面目等部位发生浮肿，称"妊娠水肿"。如在孕晚期仅见脚部浮肿且无其他不适者，可不必作特殊治疗，多在产后自行消失。

 缓解方法

①饮食宜少盐：盐的进食量控制在每天4克左右，避免吃一些口味厚重的食物。
②多食用新鲜蔬菜和水果：妊娠水肿要多吃一些利水的食品，例如新鲜的蔬菜和水果。
③适当多做一些运动：出现妊娠水肿的孕妈妈可以适量进行一些运动。

宜吃食物

①蔬菜：冬瓜、胡萝卜、山药、竹笋、莴笋、油菜、西红柿。
②肉类：乌鸡、鲫鱼、鲤鱼、瘦肉、排骨、猪肝、鸭肉、猪蹄、鲈鱼。
③其他：生姜、小米、黑豆、玉米须、红豆。

香菇油菜

●**材料** 油菜500克，香菇10朵

●**调料** 高汤半碗，水淀粉、盐、白糖、味精各适量

做法

①油菜洗净，对切成两半；香菇泡发洗净，去蒂，一切为二。②炒锅入油烧热，先放入香菇炒香，再放入油菜、盐、白糖、味精，加入高汤，加盖焖约2分钟，以水淀粉勾一层薄芡即可出锅装盘。

●**食疗功效**

油菜是一种营养丰富的食物，有助于消肿解毒；香菇中含有的嘌呤、胆碱以及某些核酸物质可以有效预防妊娠水肿。本品利水消肿，是妊娠水肿妈妈的首选食品。

姜汁莴笋

● **材料** 莴笋400克，姜25克

● **调料** 醋、酱油、香油、盐、红椒各适量

做法

① 姜洗净，去皮切成末，用醋泡半个小时。② 莴笋去皮洗净，切成条，盛入碗中待用。③ 等姜醋汁泡好后，将其倒入盛有莴笋块的碗中，加入酱油、盐和香油，拌匀后加盖静置20分钟，摆上红椒装饰即可。

● **食疗功效**

莴笋具有利尿功效，是一种缓解水肿的良好食材；姜汁有显著的消肿解毒功效。本品逐水利尿，可以消除水肿，适合妊娠水肿妈妈作为常食菜例。

玉米炒黄瓜

● **材料** 玉米、黄瓜各200克，红椒、虾仁、扁豆各50克

● **调料** 盐3克，鸡精2克，酱油、水淀粉各适量

做法

① 所有原材料收拾干净，切好。② 锅入水烧开，放入玉米煮熟后，捞出沥干，摆于盘的四周。③ 锅下油烧热，放入虾仁略炒，再放入黄瓜、红椒、扁豆翻炒片刻，加盐、鸡精、酱油炒至入味，待熟时用水淀粉勾芡，装盘即可。

● **食疗功效**

黄瓜是一种含有丰富食物纤维素的食物，可以帮助消除水肿；玉米富含膳食纤维，有利于肠道的健康，适合水肿的孕妇食用。本品有排除体内毒素和消肿的功效，适合孕期水肿的妈妈食用。

黑豆玉米粥

●**材料** 黑豆、玉米粒各30克，大米 70克

●**调料** 白糖3克

●**做法**

① 大米、黑豆均泡发一小时后洗净；玉米粒洗净。② 锅置火上，倒入清水，放入大米、黑豆煮至开花。③ 加入玉米粒同煮至浓稠状，依据个人喜好调入适量的白糖拌匀即可。

●**食疗功效**

玉米富含维生素，常食可以促进肠胃蠕动，加速有毒物质的排泄，减轻水肿症状；黑豆含有丰富的维生素A和叶酸，有活血利水的功效。本品利尿解毒，能够帮助孕期水肿的妈妈有效消除病症。

胡萝卜炒猪肝

●**材料** 胡萝卜150克，猪肝200克

●**调料** 盐3克，味精2克，香葱段10克

做法

① 胡萝卜洗净，切成薄片；猪肝洗净，浸泡后切片。② 锅中下油烧至七分热，下入胡萝卜片翻炒，再下入猪肝片炒熟，加盐、味精翻炒均匀，出锅时下入香葱段即可。

●**食疗功效**

胡萝卜中含有的丰富维生素A能够有效帮助孕妈妈消除水肿；猪肝中含有大量人体所需的维生素C和维生素D，经常食用可以有效减轻水肿症状。本品对妊娠水肿有一定的缓解功效，适合妊娠水肿女性食用。

冬尖蒸鲈鱼

●材料 鲈鱼1条，冬尖100克

●调料 盐、味精、料酒、豆豉、红
椒、葱各适量

做法

①鲈鱼收拾干净，去掉头尾，切成
块状；把冬尖、红椒、葱洗净，切
碎。②将鲈鱼摆盘，加入冬尖、红
椒、豆豉、盐、味精和料酒，蒸
熟。③出锅，撒上葱花即可。

●食疗功效

鲈鱼肉质细嫩，含有丰富的蛋白质，对妊娠期水
肿有良好的食疗作用；冬尖健胃消食。本品适合
下肢水肿的孕期女性食用，可以有效减轻妊娠水
肿的症状。

西红柿豆腐鲫鱼汤

●材料 鲫鱼1条，豆腐50克，西红
柿40克

●调料 盐4克，葱段、姜片各3克，
香油5克

做法

①鲫鱼收拾干净；豆腐洗净切块；西
红柿洗净，切块备用。②净锅上火倒
入水，调入盐、葱段、姜片，下入鲫
鱼、豆腐、西红柿煲至熟，淋入香油
即可。

●食疗功效

鲫鱼肉是高蛋白、高钙、低脂肪、低钠的食物，经
常食用可以增加孕妈妈血液中蛋白质的含量，改善
血液的渗透压，有利于合理调节体内水的分布，使
组织中的水分回流进入血液循环中，从而达到消除
水肿的目的。本品适合孕期水肿的女性食用。

妊娠高血压

症状说明

妊娠高血压综合征简称妊高征，是妊娠期妇女特有的疾病，以高血压、水肿、抽搐、昏迷、心肾功能衰竭甚至母子死亡为特点。目前对妊高征的致病原因仍不确定，但年龄小于等于20岁或大于35岁的初孕妇以及营养不良、贫血、低蛋白血症者患该病的概率要高于其他人。

缓解方法

①调节饮食：在饮食上要适当限制盐的摄入量，注意多食用高蛋白质食物，保证足够的热量供应。

②注意休息：躺卧时应采取左侧卧位以减少子宫对下腔静脉的压迫，使下肢以及腹部血液充分流回到心脏，以保证肾脏及胎盘的血流量。

③保证充足的睡眠：患此症的孕妈妈有必要时可借助药物辅助入睡。

宜吃食物

①蔬菜：芹菜、茼蒿、胡萝卜、荠菜、黑木耳、海带、香菇、草菇。

②肉类：青鱼、瘦肉、鲫鱼、鳝鱼。

③其他：黄豆、柠檬、葡萄、红枣。

三鲜滑子菇

●**材料** 滑子菇200克，鲜鱿、火腿各50克，青、红椒各适量

●**调料** 盐2克，酱油10克，料酒少许

做法

①滑子菇洗净；鲜鱿收拾干净，切片后剞十字花刀；火腿洗净，切片；青、红椒洗净，去籽切块。②油锅烧热，放入鲜鱿炒至卷曲，烹入料酒，加入火腿、滑子菇及青、红椒一同翻炒。③加入盐、酱油调味，炒熟后即可装盘。

●**食疗功效**

鱿鱼可以降低血液中胆固醇的浓度，有助于孕期女性调节血压；滑子菇能够帮助降低血糖和血压。这道菜新鲜美味，有帮助高血压孕妈妈调节和降低血压的功效。

香菇烧山药

● **材料** 山药150克，香菇、板栗、油菜各50克

● **调料** 盐、淀粉、味精各适量

做法

① 山药洗净，去皮切块；香菇洗净；板栗去壳洗净；油菜洗净。② 板栗用水煮熟；油菜过水烫熟，摆盘备用。③ 热锅下油，放入山药、香菇、板栗爆炒，调入盐、味精，用水淀粉收汁，装盘即可。

● **食疗功效**

这道菜味美滑嫩，有开胃消食、降血压的功效。成菜中的香菇含有香菇多糖、天门冬素等多种活性物质，其中，酪氨酸、氧化酶等物质有降血压、降胆固醇、降血脂的作用，还可以预防动脉硬化、肝硬化等疾病。本品适合患妊高征的女性食用。

苦瓜炖豆腐

● **材料** 苦瓜250克，豆腐200克

● **调料** 食用油、盐、酱油、葱花、清汤、香油各适量

做法

① 苦瓜洗净，去籽，切片；豆腐洗净，切块。② 锅入油烧热，将苦瓜片倒入锅内煸炒，加盐、酱油、葱花等调料，加清汤煮开。③ 再放入豆腐一起炖熟，淋香油调味即可。

● **食疗功效**

苦瓜含有苦瓜苷和类似胰岛素的物质，具有降糖降压的作用；豆腐中的大豆蛋白能够显著降低血浆胆固醇等，可帮助降低血脂、血压。本品能够帮助控制妊娠期孕妈妈的血压，防止出现妊娠高血压。

调理食谱 黄瓜炒鳝鱼

● **材料** 鳝鱼250克，黄瓜200克，红椒100克

● **调料** 盐3克，味精1克，香油2克

做法

① 鳝鱼收拾干净，切成小段；黄瓜洗净，切块；红椒洗净，切片。② 热锅下油，放入鳝鱼滑油，加入黄瓜和红椒翻炒。③ 放入盐和香油，再加入味精调味，炒熟即可。

● **食疗功效**

黄瓜中所含的丙醇、乙醇和丙醇二酸能够抑制糖类物质转化为脂肪，对肥胖者和患高血压的孕妈妈十分有利；鳝鱼对降低血液中的胆固醇浓度、辅助降低血压有食疗功效。本品可以有效帮助孕期女性降低血压。

调理食谱 山药枸杞豆浆

● **材料** 黄豆、山药各70克，枸杞子10克

做法

① 黄豆泡软，洗净；山药去皮，洗净切块，泡在清水里；枸杞子洗净。② 将上述材料放入豆浆机中，添水搅打成豆浆，烧沸后滤出豆浆即可。

● **食疗功效**

山药可以提高免疫力，预防高血压；枸杞子具有降血压和降血糖的功效。本品除了可以维持正常的营养平衡之外，还能降低血压和血脂，对患高血压的孕妇大有益处。

调理食谱 口蘑灵芝鸭子汤

● **材料** 鸭子400克，口蘑125克，灵芝5克

● **调料** 盐4克

做法

① 鸭子洗净，斩块汆水；口蘑洗净，切块；灵芝洗净，浸泡，放置备用。② 煲锅上火倒入水，下入鸭肉、口蘑、灵芝煮熟，调入盐，煲至熟烂即可。

● **食疗功效**

这道汤中的口蘑是良好的补硒食品，它能够防止过氧化物损害机体，降低因缺硒引起的血压升高和血黏度增加，还能调节甲状腺的工作，有预防妊娠高血压的作用。另外，鸭肉富含蛋白质，有很好的滋补功效。

调理食谱 西红柿淡奶鲫鱼汤

● **材料** 鲫鱼1条，西红柿1个，三花淡奶20克，沙参20克，豆腐1块

● **调料** 生姜、葱花、盐、味精、胡椒各适量

做法

① 西红柿洗净，切成小丁；生姜洗净去皮，切成片；豆腐洗净，切成小丁；沙参洗净泡发。② 鲫鱼去鳞和内脏，洗净后，在背部打上花刀。③ 锅中加水烧沸，加入所有的原材料、姜片煮沸后，调入胡椒、三花淡奶煮至入味，调入盐、味精，撒上葱花即可。

● **食疗功效**

西红柿特有的番茄红素有保护血管内壁的作用，可预防妊娠高血压；鲫鱼中含有优质蛋白和多种矿物质，能够增强人体抵抗力。本品不仅可以缓解妊娠高血压，也是孕妈妈预防高血压的良好补养品。

妊娠糖尿病

 症状说明

妊娠糖尿病也是糖尿病中的一种类型，是因为孕期女性体内分泌的肾上腺皮质激素等能对抗胰岛素，再加上胎盘也会分泌一些抗胰岛素的物质，使胰岛功能失调从而导致出现的。妊娠糖尿病容易造成巨大儿、胎死宫内，新生儿易发生呼吸窘迫综合征、低血糖、高胆红素血症等。

 **缓解方法**

①少吃糖：适当减少食用高甜度的水果，减少糖的摄入。
②少食多餐：因为一次性进食过多会造成饭后血糖快速上升，所以一次只吃大约七分饱就好，两餐之间可以适量加餐，以少量为宜。
③控制豆制品的摄入量：豆制品吃得过多，会加重肾脏负担，容易诱发糖尿病。

 宜吃食物

①蔬菜：芦笋、猴头菇、黄瓜、油菜、黑木耳。
②肉类：鸡翅、猪肉、瘦肉、鳝鱼、蚌肉。
③其他：山药、栗子、鸡蛋。

调理食谱 芙蓉云耳

● **材料** 水发黑木耳250克，鸡蛋4个，胡萝卜片、芹菜段适量

● **调料** 盐、味精各适量

做法

① 鸡蛋取蛋清打散，用油滑散。② 黑木耳洗净，焯水备用；胡萝卜片、芹菜段焯水备用。③ 锅留底油，下入黑木耳、胡萝卜片、芹菜段鸡蛋清翻炒，加入调味料炒匀即可。

● **食疗功效**

黑木耳营养价值较高，有防治糖尿病之效，而且所含胶质还可将残留在人体消化系统内的灰尘杂质吸附聚集，排出体外，能够起到清涤肠胃的作用，有助于孕妈妈排毒。此外，黑木耳含有抗肿瘤活性物质，能增强机体免疫力，经常食用可防癌抗癌。

冰脆山药

●材料 山药280克

●调料 盐1克，白醋适量

做法

① 山药洗净，去皮切片；碗中加水、白醋，将山药放入其中浸泡。② 锅中注水烧热，入山药氽烫至断生后捞出，入冰水放凉。③ 捞出摆盘，食用时单吃或加调料皆可。

●食疗功效

山药内含淀粉酶消化素，能分解蛋白质和糖，有减肥瘦身的作用，也可以辅助降低妊娠女性的血糖。本品适合患有妊娠糖尿病的孕妈妈食用。

栗子红枣煲珍珠鸡

●材料 鸡300克，板栗50克，红枣、枸杞子各适量

●调料 盐4克

做法

① 鸡去毛和内脏，洗净，斩件；板栗去壳洗净；红枣、枸杞子洗净，泡发。② 锅中注水烧沸，放入鸡块氽去血水，捞出。③ 将鸡、板栗、红枣、枸杞放入锅中，加适量清水小火炖2小时，加入盐即可食用。

●食疗功效

枸杞子具有降血脂、降血压和降血糖的作用，搭配鸡肉煮汤，营养丰富，可以为孕期女性补充营养。本品还能够辅助降低血糖，所以可作为孕期患有糖尿病女性的食疗菜谱。

调理食谱 什锦芦笋

●**材料** 无花果、百合各100克，芦笋、冬瓜各200克

●**调料** 香油、盐、味精各适量

做法

①芦笋洗净，切成斜段，入开水锅焯熟，捞出控水备用。②鲜百合洗净掰片；冬瓜洗净切片；无花果洗净。③油锅烧热，放芦笋、冬瓜煸炒，下入百合、无花果炒片刻，下盐、味精，淋香油装盘即可。

●**食疗功效**

芦笋含有丰富的维生素、蛋白质、无机盐、多种氨基酸等营养成分，其中所含的香豆素等化学成分有降低血糖的功效；冬瓜有清热生津、利尿消肿的功效。本品有清热生津、降低血糖的作用，妊娠糖尿病孕妈妈食用有较好的食疗效果。

调理食谱 黄瓜炒草菇

●**材料** 黄瓜2根，草菇200克

●**调料** 盐、鸡精各3克，葱末、青椒圈、红椒圈、姜末、料酒各适量

做法

①黄瓜洗净去皮，切片；草菇洗净切片，入沸水中焯3分钟。②锅置火上，倒入适量油烧热，放入葱末、姜末炒香，再放入黄瓜片、草菇片、红椒圈翻炒至熟，加料酒、盐、鸡精调味，炒匀即可出锅。

●**食疗功效**

草菇能养阴生津，因其所含的葡糖糖苷、果糖不参与通常的代谢，所以能够帮助降低血糖。本品适合孕期患糖尿病的女性食用。

苦瓜鸡翅

- **材料** 鸡翅6个，苦瓜1条，橙子1个
- **调料** 红椒条50克，料酒15克，盐3克

做法

1. 橙子洗净，切片摆入盘边；苦瓜洗净，剖开去瓤，切成长条，焯水后捞出摆盘。2. 鸡翅洗净，用刀划开，加料酒、盐腌渍20分钟，置放在苦瓜上。3. 放入红椒，隔水上锅蒸30分钟即可。

- **食疗功效**

苦瓜是有效帮助降低血糖的食物之一，尤其适合患有糖尿病的孕期女性食用；鸡翅营养丰富，能为孕期女性补充能量。本品的食物搭配是糖尿病女性降低血糖、均衡营养的佳品，适合患妊娠糖尿病的孕妈妈食用。

芥蓝黑木耳

- **材料** 芥蓝200克，水发黑木耳80克
- **调料** 红椒5克，盐3克，味精2克，醋8克

做法

1. 芥蓝去皮，洗净，切成小片，入水中焯一下；红椒洗净，切成小片。2. 水发黑木耳洗净，择去蒂，晾干，撕成小片，入开水中烫熟。3. 将芥蓝、黑木耳、红椒装盘，淋上盐、味精、醋，搅拌均匀即可。

- **食疗功效**

芥蓝中含有的可溶性膳食纤维能够润肠通便，减缓餐后血糖的上升速度；黑木耳营养丰富，对孕妈妈调养身体十分有益。本品在降低血糖同时还能帮助孕妈妈调养身体，增强免疫力。

孕期焦虑

 症状说明

女性在怀孕的各个不同阶段会有不同的心理变化。调查实验表明，约有10%的孕妈妈在孕期产生过不同程度的焦虑症，表现为紧张、烦躁、恐惧以及懊悔等情绪。如果这些情绪得不到有效的缓解和调整，很容易增加患心理疾病的概率。

 缓解方法

①多吃富含膳食纤维的食物：多吃水果、蔬菜等含有膳食纤维和维生素比较多的食物，可以帮助孕妈妈降燥除烦，缓解焦虑症状。
②乐观的心理暗示：孕妈妈可以时刻采用自我心理暗示的方法暗示自己——越是乐观的妈妈，就越会生出健康的宝宝。焦虑只是一种情绪的状态，只要孕妈妈学会倾诉或者将其发泄出来，这种情绪就会得以消除。

宜吃食物

①蔬菜：西蓝花、花菜、西红柿、胡萝卜、洋葱、菠菜、空心菜。
②肉类：瘦肉、鸡肉、深海鱼肉。
③其他：香蕉、草莓、坚果、木瓜。

调理食谱 特色菠菜

●**材料** 菠菜400克，花生仁、杏仁、金针菇、香菇、白芝麻、红豆、腰果、玉米各适量

●**调料** 盐4克，鸡精2克

做法

①菠菜洗净，切长段，入沸水锅中焯水至熟，捞出待用；其他材料洗净。②炒锅注油烧热，放入除菠菜以外的所有原材料炒香，倒在菠菜上。③加盐和鸡精搅拌均匀即可。

●**食疗功效**
菠菜富含膳食纤维，适合孕期睡眠不佳、精神抑郁以及常有疲态的女性食用。本品可以帮助孕期女性缓解精神紧张的状态，适合所有孕期女性食用。

什锦西蓝花

●**材料** 胡萝卜30克，黄瓜50克，西蓝花200克，荷兰豆100克，木耳10克，百合50克

●**调料** 蒜蓉10克，盐4克，鸡精2克

做法

① 黄瓜洗净，去皮切段；西蓝花洗净切朵；百合洗净切片；胡萝卜洗净，去皮切片；荷兰豆洗净，去筋切菱形段；木耳洗净，泡发切片。
② 锅中加水、少许盐及鸡精烧沸，加备好的材料焯烫、捞出。③ 净锅加入油烧热，蒜蓉炒香，倒入焯过的原材料翻炒，调入味料即可。

●**食疗功效**
西蓝花营养丰富，含有维生素及微量元素，可以改善孕妈妈的焦虑状态；黄瓜中含有丰富的维生素C和钙，可以缓解焦虑的情绪。本品有健脾和胃、缓解焦虑情绪的功效，适宜孕妈妈食用。

菜心炒黄豆

●**材料** 菜心300克，黄豆200克

●**调料** 盐4克，鸡精1克

做法

① 菜心洗净，沥干水分，切碎；黄豆洗净，入沸水锅中焯水至八成熟，捞起待用。② 炒锅注油烧热，放入黄豆快速翻炒，加入菜心一起炒匀，至熟。③ 加入少许盐和鸡精调味，装盘。

●**食疗功效**
菜心富含钙、铁以及多种维生素，能够帮助孕期女性补血顺气，减缓焦虑状态；黄豆营养丰富，而且容易被吸收，是对孕妇十分有益的食物。本品能够帮助孕期女性补充能量，消除焦虑情绪。

草莓塔

●材料 鸡蛋50克，低筋面粉330克，
奶油170克，糖粉100克

●调料 草莓、猕猴桃、凤梨、镜面
果胶各适量，奶油布丁馅
1000克

●做法

① 将奶油、糖粉搅打加入蛋液拌匀。② 再拌入低筋面粉，拌匀后放入塑胶袋中，入冰箱冷藏。③ 取出面皮放入塔模中压实结合。④ 在塔皮顶部戳洞入烤箱烤后取出。⑤ 将布丁馅填入后适摆上洗净切好的水果即可。

●食疗功效

草莓营养价值高，含丰富维生素C，能缓解紧张情绪，帮助睡眠；猕猴桃可补充身体中的钙质，增强人体对食物的吸收力，改善睡眠品质。本品有健脾和胃、稳定情绪、补充营养的功效，适宜孕妈妈食用。

小炒鸡腿肉

●材料 鸡腿350克，青椒丁、红椒
丁各30克

●调料 蒜20克，蒜苗7克，盐3克，
酱油5克

做法

① 鸡腿去骨洗净，切成丁，加入盐、酱油腌渍；蒜苗洗净，切段；蒜去皮洗净，切成粒。② 油烧热，下入鸡腿肉丁炒散后，盛起；留油烧热，放入蒜粒、青红椒丁、蒜苗翻炒。③ 加入盐调味，鸡腿肉丁回锅翻炒均匀至熟即可。

●食疗功效

鸡腿肉中含有十分丰富的优质蛋白，多吃可以帮助孕妈妈提高自身的免疫力。这道菜营养相对比较高，可以缓解孕期女性身体虚乏无力或者精神焦虑的症状，是适宜孕妈妈常常食用的一道菜。

调理食谱 手撕带鱼

● 材料 带鱼350克，熟芝麻5克

● 调料 盐3克，料酒、酱油、葱花各10克，香油适量

做法

① 带鱼收拾干净，氽水后捞出，沥干水分。② 油锅烧热，放入带鱼炸至金黄色，待凉后撕成小条。③ 油锅烧热，下入鱼条，调入盐、料酒、酱油炒匀，淋入香油，撒上熟芝麻、葱花即可。

● 食疗功效

带鱼中含有丰富的镁元素，可缓解紧张情绪，有助于睡眠；芝麻有补血养肝、强健身体的功效。本品有益气养血、缓解紧张情绪的作用，是孕期焦虑女士的食疗佳品。

调理食谱 枸杞山药瘦肉粥

● 材料 山药120克，猪肉100克，大米80克，枸杞子15克

● 调料 盐3克，味精1克，葱花5克

做法

① 山药洗净，去皮，切块；猪肉洗净，切块；枸杞子洗净；大米淘净，泡半小时。② 锅中注水，下入大米、山药、枸杞子，大火烧开，改中火，下入猪肉，煮至猪肉熟透。③ 小火将粥熬好，调入盐、味精调味，撒上葱花即可。

● 食疗功效

枸杞子具有养心安神的功效，适合孕期焦虑疲劳的女性食用；瘦肉滋补，可以为孕妈妈提供身体所需的能量。本品是一道能够消除焦虑、紧张情绪的滋补粥品，适合孕期焦虑的女性食用。

妊娠纹及妊娠斑

症状说明

很多孕妈妈在怀孕5个月以后，大腿、腹部，甚至乳房周围的皮肤都会出现一条条弯曲的带状花纹，且颜色随着时间推移逐渐加深，这些就是妊娠纹。妊娠斑也叫黄褐斑，较多出现于孕妈妈的乳头、乳晕、腹中正线，颜色深浅因人而异。

缓解方法

①均衡饮食：孕妈妈应该少吃或者不吃含油较高、含色素较高、含糖分较高的食物，而应多吃一些富含膳食纤维、维生素和胶原蛋白的食物，以促进皮肤的新陈代谢，增强肌肤的弹性。

②控制体重：孕妈妈可以选择合适的方法控制体重。正确的饮食习惯是能使孕妈妈吃得营养健康，而且也能使胎宝宝摄入足够的营养的最佳选择。

宜吃食物

①蔬菜：西红柿、胡萝卜、生菜。
②肉类：猪蹄、瘦肉。
③其他：银耳、红枣、粳米、猕猴桃、芡实、莲子。

胡萝卜烩木耳

●**材料** 胡萝卜150克，木耳50克

●**调料** 盐3克，白糖3克，生抽5克，鸡精3克，料酒5克，姜片5克，香葱段适量

做法

①木耳泡发洗净；胡萝卜洗净切片。②锅置火上倒油，待烧至七成热时，放入姜片煸炒，随后放木耳稍炒一下，再放胡萝卜片。③依次放料酒、盐、生抽、白糖、鸡精，炒匀至熟，撒香葱段拌匀即可。

●**食疗功效**

胡萝卜中含有丰富的蔗糖、淀粉和胡萝卜素，对于伤口的愈合有促进作用，而且能够有效减轻孕妈妈的妊娠斑和妊娠纹；木耳不仅有清热解毒的功效，还能治疗皮肤炎。本品可以辅助孕妈妈减少妊娠纹和妊娠斑。

猕猴桃苹果汁

●**材料** 猕猴桃2个，苹果半个，柠檬1/3个

●**调料** 白砂糖适量

做法

①猕猴桃、苹果、柠檬均洗净去皮，切成小块状。②把猕猴桃、苹果、柠檬放入果汁机中，加50克冷水搅打均匀。③倒入杯中即可饮用，也可依据个人喜好加入白砂糖。

●**食疗功效**

猕猴桃中含有丰富的维生素A、维生素C和维生素E，有抗氧化作用，能有效增白皮肤，增强皮肤的抗衰老能力；苹果中富含镁，镁可以使皮肤红润光泽、有弹性。本品能够美白肌肤，延缓衰老的，对预防妊娠纹有一定的作用。

花生猪蹄汤

●**材料** 猪蹄1只，花生米30克

●**调料** 盐适量

做法

①猪蹄洗净，切成块状，汆水；花生米用温水浸泡30分钟，放置备用。②净锅上火倒入水，调入盐，下入猪蹄、花生米煲80分钟即可。

●**食疗功效**

猪蹄中含有大量胶质，是血小板生成的物质，有止血功效。而且，猪蹄中含有丰富的胶原蛋白，能补血通乳。花生含有人体所必需的8种氨基酸以及钙、维生素E等营养物质，对女性也有催乳、增乳作用。这道汤对预防皮肤干燥、衰老和缓解妊娠纹都大有益处。

孕期胃胀气

 症状说明

怀孕约5个月以后，孕妈妈会觉得肚子比起孕初期更容易发胀，其实这是由于黄体酮的副作用引起的。怀孕中后期，子宫也会逐渐扩大，压迫到肠道，使得肠道不容易蠕动，造成胃里的食物很难消化，致使体内气体增多，形成胃部胀气。

 缓解方法

①多吃一些含纤维素较多的食物：孕妈妈可以多吃一些蔬菜以及水果，因为这些食物里富含膳食纤维，能够促进肠道的蠕动，帮助减缓孕期胃胀气的症状。

②多喝温开水：如果孕期胃胀气，就容易伴随便秘，所以孕妈妈更应该多喝水，因为充足的水分能够促进排便，减缓胀气。

 宜吃食物

①蔬菜：白萝卜、生菜、莴笋、芹菜、黄瓜、白菜。
②水果：圣女果、火龙果、香蕉、苹果、梨。
③其他：山药、小米、粳米、麦片。

什锦沙拉
（调理食谱）

● **材料** 包菜、紫包菜各30克，小黄瓜1条，圣女果、苜蓿、玉米粒适量

● **调料** 沙拉酱15克

做法

①包菜、紫包菜分别剥下叶片，洗净，切丝；小黄瓜洗净，切成薄片；圣女果洗净，对半切开；苜蓿芽洗净，沥干水分备用。②玉米粒洗净，放入盘中，加入包菜、紫包菜、小黄瓜、苜蓿芽、圣女果，淋入沙拉酱即可。

● **食疗功效**

包菜富含叶酸和多种维生素，有调节新陈代谢、促进消化的作用；小黄瓜能促进肠胃蠕动，加快体内排泄，可排毒瘦身。本品有助于缓解孕期女性胃胀气的症状。

蔬菜沙拉

●材料 黄瓜300克，圣女果50克，土豆、香橙各少许

●调料 沙拉酱适量

做法

① 黄瓜洗净，切片；土豆去皮洗净，切瓣状，用沸水焯熟备用；圣女果洗净，对切；香橙洗净，切片。② 先将一部分黄瓜堆在盘中，外面淋上沙拉酱，再将其余的黄瓜片围在沙拉酱外面。③ 用圣女果、土豆片、香橙片点缀造型即可。

●食疗功效

土豆具有和胃调中、健脾益气的功效，适合孕期胃胀气的女性食用；黄瓜能够促使肠胃蠕动，促进消化吸收。本品富含膳食纤维，适合胃胀气的孕妈妈食用。

草菇圣女果

●材料 草菇100克，圣女果50克

●调料 盐4克，淀粉3克，香葱段8克，鸡汤50克，味精少许

做法

① 草菇、圣女果清洗干净，切成两半。② 草菇用沸水焯至变色后捞出。③ 锅置火上，加油，待油烧至七八成热时，倒入香葱段煸炒出香味，放入草菇、圣女果，加入鸡汤。④ 待熟后放少许盐、味精，用水淀粉勾芡，拌匀即可出锅。

●食疗功效

圣女果有生津止渴、健脾消食、补血养血、增进食欲的功效；草菇有促进新陈代谢、提高机体免疫力的作用。本品有健脾消食、生津止渴的功效，适宜胃胀气的孕妈妈食用。

调理食谱 手撕白菜

●材料　白菜200克，豆腐皮150克，
　　　　红椒20克，熟花生米50克，
　　　　香菜适量

●调料　盐、味精、辣椒油各适量

做法

①白菜洗净切片；豆腐皮、红椒、分别洗净切片；香菜洗净切段。②热锅下油，放入白菜、豆腐皮、红椒翻炒至熟，倒入熟花生米和香菜拌匀。③放入盐、味精和辣椒油炒匀，撒香菜段即可。

●食疗功效

白菜能够改善孕妈妈的胃肠道功能，促进肠胃消化，减少胃胀气。本品可以缓解胃胀气的病症，适合孕期出现胃胀气的女性食用。

调理食谱 猪肉包菜粥

●材料　包菜60克，猪肉100克，大米
　　　　80克

●调料　盐3克，味精1克，淀粉8克

做法

①包菜洗净，切丝；猪肉洗净，切丝，用盐、淀粉腌片刻；大米淘净，泡好。②锅中注水，放入大米，大火烧开，改中火，下入猪肉，煮至猪肉熟透。③改小火，放入包菜，待粥熬至黏稠，下入盐、味精调味即可。

●食疗功效

包菜中含有丰富的膳食纤维，能够有效促进胃肠蠕动，而且含有挥发性芳香油，具有特殊的香味，能改善胃胀气症状；猪肉可以帮助均衡摄取营养。本品适合胃胀气的孕妈妈食用。

莱菔子白萝卜汤

●材料　猪尾骨400克，白萝卜、莱菔子、玉米各适量

●调料　盐3克

做法

①猪尾骨洗净斩件，以滚水氽烫，捞出。②锅中加清水煮滚，下入洗净的莱菔子、猪尾骨同煮约15分钟。③将白萝卜、玉米分别洗净切块同入锅，续煮至熟，加盐即可。

●食疗功效

莱菔子含有挥发油和生物碱，可增强抑制胃排空的功效，能治疗饮食停滞和胀气；白萝卜富含维生素C，可促进消化。本品是孕期女性胃胀气的良好食疗品，可经常食用。

南瓜山药粥

●材料　南瓜、山药各30克，大米90克

●调料　盐2克

做法

①大米洗净，泡发1小时备用；山药、南瓜去皮洗净，切块。②锅置火上，注入清水，放入大米，开大火煮至沸腾。③放入山药、南瓜煮至米粒绽开，改用小火煮至粥成，加入盐调味即可。

●食疗功效

南瓜可以促进人体的新陈代谢，也能健脾补胃；山药能够促进消化和肠胃的蠕动，也可以促使营养的吸收。本品能够有效减缓孕期胃胀气的症状，适合孕期胃胀气的孕妈妈食用。

孕期腿抽筋

 症状说明

孕期腿抽筋即孕期下肢肌肉痉挛，一般表现为腓肠肌（俗称小腿肚）和脚部肌肉发生疼痛性收缩，孕期任何时期都可出现，通常发生在夜间，可能伸个懒腰、脚底、小腿或腹部、腰部肌肉就抽筋了。怀孕期间走太多路或站得太久，都会令小腿肌肉的活动增多，引起腿部痉

 缓解方法

①多吃含钙质和维生素的食物：孕妈妈腿抽筋很可能是缺钙的表现，因此应该保证钙质和维生素等营养物质的摄入，例如多喝牛奶，适量吃豆制品等，也可以适当吃些钙片。
②按摩脚部：睡觉前将脚部稍微垫高，这有助于减缓孕妈妈半夜腿抽筋的症状。

宜吃食物

①蔬菜：油菜、茼蒿、生菜、西蓝花、莲藕、草菇、冬瓜。
②肉类：沙丁鱼、虾皮、虾仁、鳗鱼、猪骨。
③其他：牛奶、芝麻、大豆、坚果类。

 **莲子扒冬瓜**

●**材料** 冬瓜200克，莲子50克，扁豆50克，火腿肠1根

●**调料** 盐3克，鸡精2克

做法

①冬瓜去皮、籽，洗净切片；扁豆去头尾，洗净；莲子洗净备用；火腿肠切丁，备用。②锅入水烧开，放入扁豆汆熟后，捞出摆盘。③锅下油烧热，放入冬瓜、莲子、火腿肠滑炒片刻，加入盐、鸡精炒匀，加适量清水焖熟，起锅装盘即可。

●**食疗功效**
冬瓜中含有丰富的维生素C和铜，对于中枢神经和免疫系统等有重要作用，可以缓解抽筋症状；莲子有镇静神经、维持肌肉伸缩性的作用。本品是常见滋补品，可以帮助孕妈妈缓解孕期腿抽筋的症状。

西芹拌花生仁

● **材料** 西芹200克，花生仁300克，
胡萝卜100克

● **调料** 香油、醋各适量，盐4克，
鸡精2克

做法

① 西芹洗净，切小段；花生仁洗净；胡萝卜洗净，切菱形块。② 将所有原材料放入沸水锅中氽水至熟，捞出沥干水分，装盘。③ 倒入适量香油、醋、盐和鸡精搅拌均匀即可。

● **食疗功效**

花生仁含有大量的碳水化合物、多种维生素以及卵磷脂和钙，对孕妇具有保健功效；西芹中分离出来的一种碱性成分有利于安定情绪，可减缓腿抽筋的疼痛感。本品适合孕期腿抽筋的女性食用。

珊瑚莲藕

● **材料** 莲藕300克，红椒50克，黄瓜50克

● **调料** 盐3克，淀粉适量

做法

① 莲藕去皮洗净，切丝；黄瓜洗净，切片；红椒去蒂洗净，分别切丝、切圈、切菱形片。② 将淀粉加盐、适量清水一起搅拌成糊状，放入藕丝，拌匀。③ 锅下油烧热，放入藕丝炸熟，捞出控油装盘，用黄瓜片围盘，撒入红椒即可。

● **食疗功效**

莲藕中富含钙和铁等微量元素，植物蛋白质和维生素以及淀粉的含量也很丰富，可以有效帮助缓解孕期女性经常出现的腿抽筋症状。本品适合孕期腿抽筋的女性食用。

草菇虾米豆腐

●**材料** 豆腐150克，虾米20克，草菇100克

●**调料** 香油5克，白糖3克，盐适量

做法

① 草菇清洗干净，沥水切碎，入油锅炒熟，出锅晾凉；虾米清洗干净，泡发，捞出切成碎末。② 豆腐洗净，放沸水中烫一下捞出，放碗内晾凉，沥出水，加盐，将豆腐打散拌匀；将草菇碎块、虾米撒在豆腐上，加白糖和香油搅匀后扣入盘内即可。

●**食疗功效**

豆腐不仅含有人体必需的8种氨基酸，而且比例也接近人体需要，营养价值较高；虾米富含蛋白质、磷、钙，对孕妈妈尤有补益功效。将草菇、虾米同豆腐一同烹饪，可有效预防孕期抽筋。

辣椒油沙丁鱼

●**材料** 沙丁鱼300克

●**调料** 盐、味精、醋、老抽、辣椒油各适量

做法

① 沙丁鱼收拾干净，切去头部。② 炒锅置于火上，注油烧热，放入沙丁鱼炸熟后，捞起沥干油并装入盘中。③ 将盐、味精、醋、老抽、辣椒油调成汁，浇在沙丁鱼上即可。

●**食疗功效**

沙丁鱼中富含磷脂以及大量的钙，如果人体对钙的摄入量不足的话，很容易导致骨质疏松等疾病，而沙丁鱼则能够辅助减少孕妇腿抽筋的症状，适合孕期女性食用。

翡翠虾仁

● 材料　鲜虾仁200克，豌豆300克，
　　　　滑子菇20克

● 调料　盐3克，淀粉5克

做法

①虾仁洗净；豌豆和滑子菇洗净沥干；淀粉加水拌匀。②锅中倒油烧热，下入豌豆炒熟，再倒入滑子菇和虾仁翻炒。③炒熟后加盐调味，用淀粉水勾一层薄芡，即可品用。

● 食疗功效

这道菜可增强免疫力、强筋健骨，适合孕妈妈补钙。成菜中的虾仁含有比较丰富的蛋白质、钙、锌等营养成分，其中钙的含量尤为丰富，不仅能够预防孕妇小腿抽筋，也有利于胎儿的发育。

南瓜虾皮汤

● 材料　南瓜400克，虾皮20克

● 调料　盐、葱花、汤各适量

做法

①南瓜洗净去皮，切成小块。②食用油爆锅后，放入南瓜块稍炒，注意不宜炒过久。③加盐、葱花、虾皮再炒片刻，添水煮熟，即可吃瓜喝汤。

● 食疗功效

南瓜营养丰富，含有蛋白质、脂肪、B族维生素及钙、铁、锌等多种营养成分；虾皮富含蛋白质、脂肪、钙、磷、铁、维生素等，其中钙含量尤为丰富，且易被人体消化吸收。这道汤是孕妇补钙、预防小腿抽筋的理想食品。

孕期感冒

 症状说明

孕妈妈在怀孕之后，自身的免疫功能比怀孕之前会降低，抗病的能力也会随之相应降低。在抵抗力低的情况下，孕妈妈更容易受到感冒病毒的入侵，而且感冒之后各种感冒的症状也可能比未怀孕以前感冒时加重，持续时间变长。

 缓解方法

①适量补充身体所需的维生素C：孕妈妈摄入足够的维生素C有助于促进免疫蛋白的合成，提高机体功能酶的活性，从而提高中性粒细胞数量，增强免疫力，抵抗感冒病毒。
②适量多喝温水：孕期感冒可能会伴有怕冷、发热以及咳嗽等症状，此时孕妈妈需要适量地多喝温开水，以减轻和缓解低热症状。

 宜吃食物

①蔬菜：白菜、生姜、白萝卜、南瓜、油菜。
②肉类：鸡肉、瘦肉。
③其他：大米、燕麦、枇杷叶、甘蔗、橙子。

调理食谱 麦米豆浆

●**材料** 黄豆50克，小麦、大米各20克

做法

①黄豆洗净泡软；小麦、大米分别淘洗干净，用清水浸泡2小时。②将上述材料放入全自动豆浆机中，加水至上下水位线之间，搅打成豆浆。③烧沸后滤出豆浆，装杯即可。

●**食疗功效**
黄豆有多种保健功能，其所含丰富的铁易吸收，对孕妇尤为重要，还能增强体质；小麦可养心气，增加力气，减轻感冒所致的乏力等症状。本品有助于孕妈妈缓解感冒症状，适合孕期感冒时食用。

油菜炒木耳

● **材料** 油菜300克，黑木耳200克

● **调料** 盐3克，鸡精1克

做法

① 将油菜洗净，切段；黑木耳泡发，洗净，撕成小朵。② 锅置火上，注入适量油烧热，放入油菜略炒，再加入黑木耳一起翻炒至熟。③ 再加入盐和鸡精调味，起锅装盘。

● **食疗功效**

油菜具有强身健体的功效，能够减少因抵抗力低下所致的感冒；木耳具有益气、润肺的功效，还含有抗肿瘤的活性物质，能够增强机体的免疫力，抵御感冒。本品有抗感冒的功效，适合孕期女性食用。

黄瓜炒肉

● **材料** 黄瓜、瘦肉各200克

● **调料** 盐4克，味精1克

做法

① 黄瓜、瘦肉分别洗净，切丁。② 油烧热后放入肉丁炒至八九成熟，出锅盛入碗中。③ 锅里再放油，先放黄瓜丁翻炒，再下肉丁炒匀，加盐、味精调味即可。

● **食疗功效**

黄瓜中含有丰富的维生素，对感冒不适的妈妈有安神定志、缓解疲劳的作用；瘦肉能够为孕妈妈补充能量和营养。本品适合感冒的孕妈妈食用，能够助其抵御感冒、减轻症状。

瘦肉西红柿粥

● 材料　西红柿100克，瘦肉100克，大米80克

● 调料　盐3克，味精1克，葱花、香油少许

做法

① 西红柿洗净，切成小块；猪肉洗净切丝；大米淘净，泡半小时。② 锅中放入大米，加适量清水，大火烧开，改用中火，下入猪肉，煮至猪肉熟透。③ 改小火，放入西红柿，慢煮成粥，下入盐、味精调味，淋上香油，撒上葱花即可。

● 食疗功效

瘦肉具有补中益气、生津润肠的功效，适合感冒妈妈食用；西红柿富含维生素，在感冒期间孕妈妈应该适当补充维生素，增强抵抗力。本品对感冒的孕妈妈具有良好的食疗效果。

滋补鸡汤

● 材料　乌鸡腿2只，红枣6枚

● 调料　熟地、党参、黄芪各15克，当归、桂枝、枸杞各10克，川芎、白术、茯苓、甘草各5克

做法

① 鸡腿剁块、洗净，氽烫捞起洗净。② 将其余所有用料洗净，放入炖锅，加入鸡块，加水至盖过材料，以大火煮开，转小火慢炖50分钟。

● 食疗功效

鸡肉有温中益气、补虚损的功效，孕妈妈多喝鸡汤可以提高自身的免疫力。本品适合孕期感冒的女性食用，以缓解感冒所引起的鼻塞、咳嗽等症状。